AF869207

2-17-13

Harlistas Cubanos

Harlistas Cubanos

# ★Introduction★

HARLEY-DAVIDSON

Harley-Davidson
HARLEY-DAVIDSON
Shovelhead

To Frankie, con cariño,

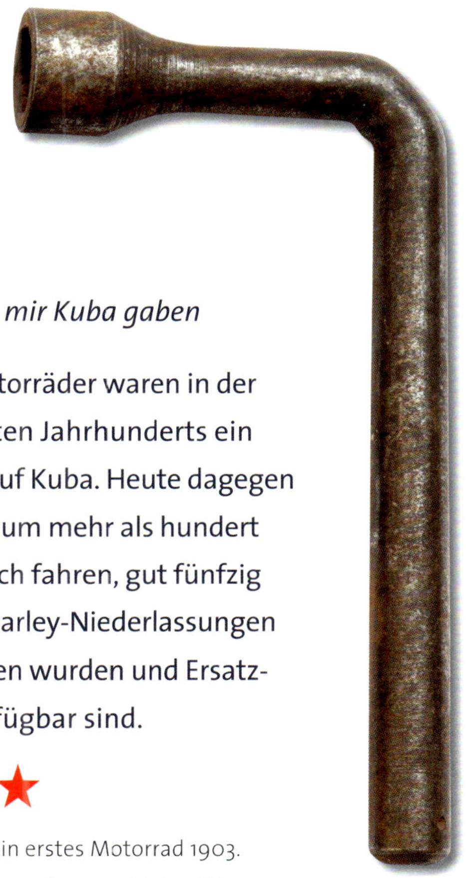

*For my parents, who gave me Cuba*

Harley-Davidson motorcycles were a common sight in mid 20th-century Cuba. Today there are probably only slightly more than 100 of them still running some fifty years after Havana's Harley dealership closed and spare parts became unavailable.

★

Harley-Davidson manufactured its first motorcycle in 1903. Production increased to 22,000 motorcycles by 1919, and the manufacture of Harleys continues successfully to this day. But Harley-Davidson stopped exporting to Cuba in 1960.

Luis Bretos opened the first Harley dealership in Havana in 1920, and that's when the fascination began. Police officers known as caballitos (little horses) rode Harleys back then, as did workers from the phone and electrical companies. If you had a Harley in Cuba, chances are you knew the caballitos, which gave you an edge if one of them caught you speeding.

Cubans are proud of their Harleys. There was a Havana Harley-Davidson Club which allowed only Harleys, Indians and Royal Enfields to join. But the majority of its members rode Harleys, which were and have remained the bike of choice in Cuba.

*Para mis padres, que me dieron Cuba*

A mediados del siglo XX, se veían muchas motocicletas Harley-Davidson en Cuba. Hoy en día solamente hay poco más de cien en condiciones de funcionamiento, ya que han pasado unos cincuenta años desde que se cerró la agencia de Harleys en La Habana y las piezas ya no están disponibles.

★

Harley-Davidson fabricó su primera motocicleta en el año 1903. La producción siguió creciendo hasta que en el año 1919 habían más de 22.000 motos en Cuba. Harley continuó fabricándolas con mucho éxito, pero dejó de exportar las motos a Cuba el 1960.

Luis Bretos abrió la primera agencia de Harley en La Habana en el 1920, y fue ahí donde empezó la fascinación. Los Caballitos, policías montados sobre Harleys, las usaban. También las usaban las compañías de teléfono y electricidad. Si montabas una Harley en Cuba, conocías a los caballitos, y seguramente tendrías una ventaja si te paraban por haber pasado el límite de velocidad.

Los cubanos se sienten muy orgullosos cuando montan sus Harleys. Anteriormente había un club de Harley-Davidsons en La Habana. Para hacerse miembro uno tenía que tener una Harley, Indian o Royal Enfield. La mayoría de los miembros montaban Harleys porqué estas son, y siguen siendo, las favoritas.

*Für meine Eltern, die mir Kuba gaben*

Harley-Davidson Motorräder waren in der Mitte des Zwanzigsten Jahrhunderts ein gewohnter Anblick auf Kuba. Heute dagegen gibt es vermutlich kaum mehr als hundert davon, die immer noch fahren, gut fünfzig Jahre nachdem die Harley-Niederlassungen in Havana geschlossen wurden und Ersatzteile nicht mehr verfügbar sind.

★

Harley-Davidson baute sein erstes Motorrad 1903. Die Produktion wuchs 1919 auf 22.000 Motorräder an, und bis heute werden Harleys erfolgreich produziert, doch der Export nach Kuba wurde von Harley 1960 eingestellt.

Luis Bretos eröffnete 1920 die erste Harley-Niederlassung in Havana und damit begann die Faszination. Polizeioffiziere, bekannt als caballitos (kleine Pferde) fuhren damals Harleys ebenso wie die Arbeiter der Telefon- und Elektrizitäts-Gesellschaften. Wer in Kuba eine Harley fuhr, kannte höchstwahrscheinlich auch die caballitos, die dann ein Auge zudrückten, wenn sie jemanden mit überhöhter Geschwindigkeit erwischten.

Kubaner sind stolz auf ihre Harleys. Es gab in Havana einen Havana Harley-Davidson Club, in dem nur Harleys, Indians und Royal Enfields zugelassen waren. Aber die Mehrzahl der Mitglieder fuhr Harleys, sie waren in Kuba das beliebteste Motorrad und das sind sie bis heute geblieben.

My father managed a factory that manufactured sneakers and tires in Matanzas. World War II was beginning in Europe and many commodities were in short supply. My father cleverly convinced my mother that it would be easier and less expensive to acquire two tires rather than four. That was his excuse for buying a Harley. So in 1940, he purchased a 1939 Knucklehead, pictured here with he and my mother preparing to take a ride together. He became a charter member of the Harley Club and was friendly with many of the caballitos in our hometown of Matanzas. He rode until 1946, when he decided to sell his bike.

He recounted many stories of his days on that Harley, including group outings to faraway towns. The bikers would remove their silencers (i.e. mufflers) just before pulling into town so as to create an even greater spectacle. He talked about the warm camaraderie that existed among Harley riders and the amazing feats performed by the police motorcycle acrobatic team.

Harleys are far less abundant in Cuba today. Many regard them as an "endangered species". But they aren't gone yet. Thanks to the Harlistas, a group of dedicated enthusiasts who keep these bikes running despite the hardship and economic isolation, they are still on the road.

Mi papá era el administrador de una fábrica de gomas y zapatos de tenis en Matanzas. La segunda guerra mundial estaba comenzando y muchas mercancías no estaban disponibles. Mi papá era muy listo y pudo convencer a mi mamá de que, en ésta época de escasez, sería mucho más fácil conseguir dos gomas en vez de cuatro. Y con ese pretexto, en el año 40 se compró una Harley Knucklehead del 1939. Aquí se ven a los dos preparados para un viajecito. Se hizo miembro del Harley Club y conoció a muchos de los caballitos en nuestra ciudad de Matanzas. Montó hasta el 1946 cuando decidió venderla.

Me relataba muchas de susaventuras de aquel tiempo. Salían de paseo a lugares lejanos. Los motociclistas le quitaban los silenciadores a sus motos momentos antes de llegar a un pueblo para crear un gran espectáculo. Me hablaba mucho de la amistad que existía entre los que montaban juntos y de la proeza del equipo acrobático policial.

En estos días las Harleys ya no se ven tanto en Cuba y el pueblo las considera "especies en peligro". Pero todavía existen, gracias a los Harlistas, un grupo de entusiastas dedicados a las motos, que las mantienen, a pesar de las dificultades y el aislamiento económico.

En Cuba, y en otras partes, los cubanos tienen fama de ser innovadores. Han podido sobrevivir y avanzar en muchas áreas, a pesar del aislamiento impuesto por su poderoso vecino al norte de la isla.

Mein Vater leitete eine Fabrik, die in Matanzas Sportschuhe und Reifen produzierte. Als in Europa der Zweite Weltkrieg begann und viele Güter knapp wurden, überzeugte mein Vater, schlau wie er war, meine Mutter, dass es leichter und billiger wäre, zwei Reifen zu kaufen als vier. Das war seine Entschuldigung dafür, dass er eine Harley anschaffte. Also kaufte er 1940 eine 1939er Knucklehead, die hier abgebildet ist, mit ihm und meiner Mutter bei den Vorbereitungen für eine gemeinsame Tour. Er wurde Gründungsmitglied des Harley-Klubs und stand mit vielen der caballitos in unserer Heimatstadt Matanzas auf gutem Fuß. Er fuhr bis 1946 Motorrad, dann beschloss er, es zu verkaufen.

Immer wieder erzählte er viele Geschichten über seine Zeiten mit der Harley, in denen auch Gruppenausflüge zu anderen Städten stattfanden. Bevor die Motorradfahrer in eine Stadt einfuhren, entfernten sie die Schalldämpfer, damit sie ein umso größeres Spektakel veranstalten konnten. Er erzählte von der herzlichen Kameradschaft zwischen den Harley-Fahrern und von den erstaunlichen Kunststücken, die von der Kunstfahrermannschaft der Polizei geboten wurden. Heute sieht man Harleys in Kuba nur noch selten und viele betrachten sie als eine „vom Aussterben bedrohte Art". Aber noch gibt es sie, dank der Harlistas, einer Gruppe von hingebungsvollen Enthusiasten, die diese Motorräder in Gang halten, trotz aller Schwierigkeiten und der wirtschaftlichen Isolation. Sowohl in Kuba als auch anderswo sind die Kubaner als ein erfinderisches Volk bekannt.

Both in Cuba and elsewhere, Cubans are known as an innovative people. They've managed to survive and thrive in many areas despite isolation from their powerful northern neighbor. Ironically the embargo, (or bloqueo, as it is known in Cuba) out of necessity, bred several generations of Cubans who are creative thinkers and innovative problem solvers.

As a result, Cuba has made great strides in medical research and healthcare. Cuba has also achieved an astoundingly high literacy rate for its people. They have become the ultimate survivors because of the economic difficulties that they encounter on a daily basis.

You could almost say that these characteristics have been genetically transmitted to Cuba's people, regardless of their professions. Artists make do with found or recycled materials, farmers have learned to grow food without chemicals or synthetic fertilizers, carpenters and masons build and restore with improvised materials, and mechanics of all kinds have devised previously unknown techniques to fabricate unavailable parts and components.

We're all familiar with the now legendary American cars of the 1940s and 1950s that still run and look good in Cuba. This too can be credited to the innovation and inventiveness of Cuban mechanics. A lesser-known achievement is the work of the Harlistas, a group of Harley-Davidson motorcycle enthusiasts who, thanks to their inventive spirit, have managed to keep their Harleys running.

La ironía del Bloqueo es que ha contribuido a la aparición de generaciones de pensadores creativos y a fomentar un pueblo que sabe arreglar sus propios problemas.

El resultado es que Cuba ha logrado enormes pasos en investigaciones científicas, en la medicina, y en programas de salud pública. También ha tenido asombrosos éxitos en sus programas de alfabetización y educación para el pueblo Cubano. Los cubanos llegan a ser los máximos sobrevivientes precisamente por estas dificultades económicas que encuentran diariamente.

Se pudiera decir que estas características han sido transmitidas genéticamente al pueblo Cubano, y a personas de cualquier profesión. Los artistas se arreglan con materiales improvisados o reciclados; los campesinos aprendieron ha cultivar alimentos sin el uso de químicas o abonos sintéticos; los carpinteros y albañiles construyen con materiales improvisados y los mecánicos de todos los tipos han creado técnicas y metodologías anteriormente desconocidas para fabricar componentes que no están disponibles.

Todos ya sabemos que los legendarios carros Americanos de los 40 y 50 todavía funcionan y lucen bien en Cuba. Esto también se le puede atribuir a la creatividad y a los "inventos" de los mecánicos Cubanos. Un logro, aunque menos conocido, es el trabajo de los Harlistas. Un grupo de entusiastas de la Harley-Davidson quienes, gracias a su espíritu de creadores, han podido mantener a sus Harleys en condiciones de funcionamiento. Ellos han generado una hermandad – una red de motociclistas que restauran sus motos y que juntos, aprenden a arreglarlas.

Trotz der Isolation durch ihren mächtigen Nachbarn im Norden, ist es ihnen gelungen, zu überleben und etliche Erfolge zu erzielen. Ironischerweise hat das Embargo (oder bloqueo, wie man in Kuba sagt) zwangsläufig mehrere Generationen von Kubanern hervorgebracht, die kreative Denker und erfinderische Problemlöser sind. Infolgedessen hat Kuba große Fortschritte in der medizinischen Forschung und im Gesundheitswesen gemacht. Kuba hat außerdem eine erstaunlich hohe Alphabetisierungsrate für seine Menschen erreicht, die angesichts der wirtschaftlichen Schwierigkeiten, mit denen sie jeden Tag konfrontiert werden, großartige Überlebenskünstler geworden sind.

Fast könnte man sagen, dass diese Charakterzüge bei der kubanischen Bevölkerung, ungeachtet des Berufs, zur genetischen Ausstattung geworden sind. Künstler nutzen aufgefundene oder aufbereitete Materialien, Landwirte haben es gelernt, Nahrungsmittel ohne Chemie und Kunstdünger zu erzeugen, Zimmerleute und Maurer bauen und restaurieren mit improvisierten Materialien, und Mechaniker aller Sparten haben zuvor unbekannte Techniken zur Produktion nicht erhältlicher Teile und Komponenten entwickelt. Wir kennen alle die inzwischen legendären amerikanischen Autos der 1940er und 1950er Jahre, die in Kuba immer noch fahren und einiges hermachen. Das ist nicht zuletzt ein Verdienst des Einfallsreichtums und der Erfindungskraft kubanischer Mechaniker. Eine weniger bekannte Leistung ist die Arbeit der Harlistas, einer Gruppe von Harley-Davidson-Enthusiasten, denen es dank ihrer Findigkeit gelungen ist, ihre Harleys in Gang zu halten.

They have created a brotherhood – a network of motorcyclists who work on their bikes, restore them and learn how to fix them together. Most of these bikes are old relics, so bikers must find unconventional ways to keep them running. Examples of their innovative techniques abound, e.g. using barbed wire to fix broken motorcycle chains, adapting Russian military equipment to create sidecar frames, transferring pistons from Polish cars into the blocks of Harley motors, and even using a cardboard cake box to make gaskets.

In a sense, this resourcefulness and forced innovation have created a Cuban-made motorcycle. Interest in these bikes survives because of the love that Cubans feel for American culture and American goods. Harlistas have taken one of the ultimate symbols of Americana and made it their own. As the well-known Cuban Harlista Adolfo Prieto said, "The only thing that's still American about our Harleys is the name. They've got a Cuban soul now."

These Harleys are indeed imbued with the spirit of the Cuban people, which makes these bikes even more valuable as manifestations of the material culture of a people. As a museum person, I'm keenly aware of the importance of preserving artifacts, not as mere commodities to collect and display, but as representatives and chroniclers of a society. The Harlistas are making an important contribution to world culture, as well as to the understanding and appreciation of the Cuban people, even if this is not their intent.

Casi todas estas motos son antigüedades y los motociclistas tienen que encontrar procedimientos libres de las convenciones técnicas para mantenerlas en funcionamiento. Algunos ejemplos de estas técnicas incluyen el uso del cable de púa para reparar cadenas, la adaptación de equipo militar Ruso para crear cuadros de side-cars, instalación de pistones de carros Polacos en motores Harley, y hasta el uso de una caja de cartón para hacer una empaquetadura.

En cierto sentido, estas habilidades de innovación han creado una motocicleta "Hecha en Cuba". El interés en estas sobrevive, en parte por el amor que el cubano le tiene a la cultura americana y a sus productos. Harlistas han tomado uno de los símbolos americanos y se han apoderado de el. El famoso Harlista Cubano, Adolfo Prieto dijo: "Lo único que queda americano de nuestras Harleys es su nombre. Ya tienen un alma Cubano"

Estas Harleys están verdaderamente inculcadas en el espíritu del pueblo Cubano y esto les da mucho mas valor porqué son representantes de la cultura de un pueblo hermoso. Como museólogo, soy muy consciente de la importancia que tiene la preservación de objetos, no solo cómo cosas para exhibir y coleccionar, sino como representantes de la historia y cultura de una sociedad. Aunque no sea su directa intención, los Harlistas están contribuyendo enormemente a la cultura mundial, y también al apreciamiento de la cultura Cubana.

Sie haben eine Bruderschaft gegründet, ein Netzwerk von Motorradfahrern, sie warten ihre Maschinen, restaurieren sie und lernen gemeinsam, sie zu reparieren. Die meisten dieser Maschinen sind wahre Altertümer, daher müssen die Liebhaber auf unkonventionelle Methoden zurückgreifen, um sie in Betrieb zu halten. Beispiele für ihre Improvisationsgabe gibt es im Überfluss, wenn sie etwa Stacheldraht benutzen, um gerissene Antriebsketten zu flicken, russische Militärausrüstung in Rahmen für Seitenwagen verwandeln oder Kolben aus polnischen Automotoren an die Motorblöcke von Harleys anpassen oder sogar aus dem Karton von Küchenschachteln Dichtungen zurechtschneiden.

In gewissem Sinn haben dieser Einfallsreichtum und diese erzwungenen Innovationen ein besonderes Motorrad aus original kubanischer Produktion hervorgebracht. Das Interesse an diesen Maschinen wird durch die Vorliebe der Kubaner für amerikanische Kultur und Waren lebendig erhalten. Die Harlistas haben sich eines der wichtigsten Symbole des „American way of life" genommen und zu ihrer eigenen Sache gemacht. Der bekannte kubanische Harlista Adolfo Prieto drückt es so aus: „Der Name ist das einzige, was an unseren Harleys noch amerikanisch ist. Aber ihre Seele ist nun kubanisch." Tatsächlich sind diese Harleys durchdrungen vom Geist der Kubaner. Dadurch werden die Motorräder als Manifestationen der materiellen Kultur eines Volkes noch wertvoller. Als Museumsfachmann weiß ich, welch große Bedeutung die Erhaltung solcher Gegenstände besitzt, nicht nur als Sammel- und Ausstellungsobjekte, sondern als Zeugen und Chronisten einer Gesellschaft.

HDM762

The fact that they have chosen Harleys as their icon is particularly significant as a demonstration of Cuba's interest in and fascination with American culture. In the USA, Harley-Davidsons are known as the tractors and Cadillacs of motorcycles. Even more important, however, is Harley's place in American culture. Marlon Brando and his performance in the movie "The Wild One" did much to publicize motorcycle culture, which was associated with outlaws at the time. But Harley riders in Cuba are family people, who regard their bikes as a source of pride and achievement, in stark contrast to their former image in the United States. Their bikes are heirlooms, which are often passed down from grandfather to father to son – and recently even to daughters, as a new generation of women Harlistas is fast becoming a popular sight.

Harlistas have overcome many barriers to success. At one time, the country and its people shunned symbols of the United States. Harleys, were considered emblems of capitalism and, worse still, reminders of the toppled regime and its notoriously brutal mounted policemen.

Hard times arrived again in 1989, after the Soviet Union disbanded and withdrew its support from Cuba. Even Russian parts, which had often been used as substitutes for original Harley components, became unavailable. Gasoline was rationed and hard to get.

Al escoger las Harleys como su ícono, los Harlistas demuestran la fascinación que el pueblo cubano tiene con la cultura americana. En los EUA, las Harleys se conocen cómo los tractores y los Cadillacs de las motocicletas, pero hasta más significativo es el puesto que estas tienen dentro de la cultura Americana. Marlon Brando, en la película "Salvaje" le trajo mucha publicidad a la cultura de motociclistas, pero en esa época, se identificaban con bandidos. En Cuba, los Harlistas son gente de familias que consideran que sus motos son objetos que demuestran el éxito de sus esfuerzos y esto les da orgullo, un gran contraste con la imagen que tenian las motos en los EUA.

Las motos son reliquias, y herencias familiares. Frecuentemente, se pasan de abuelo a padre, a hijo – y últimamente, hasta las hijas, ya que esta naciendo una nueva generación de mujeres Harlistas. Los Harlistas tienen que sobrepasar muchos obstáculos para llegar a sus metas. Hubo un momento en el que el país y el pueblo cubano despreciaban las motos porqué se veían como símbolos del capitalismo, y hasta peor: recreaban memorias de cuando las motocicletas eran los vehículos de los crueles policías de una época anterior.

En el año 1989, hubo otro momento de dificultades en Cuba a partir de la disolución de la Union Soviética. Esto causó que ya no existiera su apoyo y las piezas Rusas, que se usaban para sustituir a las piezas originales de Harley, que ahora tampoco se podían conseguir. El combustible estaba racionado y también era dificil de conseguirlo.

Die Harlistas leisten einen wichtigen Beitrag zur Weltkultur und tragen zu einem besseren Verstehen und zur Wertschätzung des kubanischen Volkes bei, auch wenn das gar nicht ihre Absicht ist. Der Umstand, dass sie gerade Harleys als Kultobjekt gewählt haben, ist nicht zuletzt bedeutsam als Demonstration des kubanischen Interesses und der Faszination für die amerikanische Kultur. In den USA betrachtet man Harley-Davidsons zugleich als die Traktoren und Cadillacs unter den Motorrädern. Noch wichtiger ist jedoch der Platz, den Harleys in der amerikanischen Kultur einnehmen. Marlon Brando hat mit seinem Auftritt in dem Film „Der Wilde" viel zur Verbreitung der Harley-Kultur, die damals mit Außenseitern assoziiert wurde, beigetragen. Aber Harley-Fahrer in Kuba sind Familienmenschen, die ihre Maschine als eine Quelle des Stolzes und als Errungenschaft betrachten, ganz im Gegensatz zu dem früheren Harley-Image in den Vereinigten Staaten. Ihre Maschinen sind Erbstücke, die oft vom Großvater an den Vater und an die Söhne weitergegeben werden und neuerdings sogar an die Töchter, da eine neue Generation von weiblichen Harlistas schnell zu einem verbreiteten Anblick wird.

Harlistas mussten auf dem Weg zum Erfolg viele Hindernisse überwinden. Es gab eine Zeit, da wollten Land und Leute von US-Symbolen einschließlich der Harleys nichts wissen, weil man darin Embleme des Kapitalismus sah und, schlimmer noch, eine Erinnerung an das gestürzte Regime und seine notorisch brutale motorisierte Polizei. 1989 kamen erneut harte Zeiten, nachdem sich die Sowjetunion aufgelöst und ihre Unterstützung Kubas eingestellt hatte.

The daily life of Cubans struggling for survival became even more difficult. The Harlistas came to depend even more on their motorcycles for their own transportation and economic survival, creating transportation "businesses" and using their bikes as resources for their economic well-being. Many, however, were forced to sell their bikes to foreigners to support their families.

Many Harleys had broken down by then and few, if any, parts were available. So, many Cuban riders opted for new and lighter German, Czech and Soviet motorcycles, although some bikers maintained their commitment to these antiques. They learned to restore them and rescued them from extinction. Now they can fix or fabricate almost any required part.

Many Harlistas rely on their motorcycles for their everyday work. The most common uses include going to the market, to school or on family outings. In other countries these bikes would have ended up in junkyards and a few restored specimens would have been acquired by museums and collectors. But in Cuba, these bikes are working motorcycles, not mere collectibles. They're used for every imaginable purpose: social functions such as weddings and quinceañeras, family transportation, parades and even funerals.

La vida del Cubano, se puso mas difícil. Los Harlistas dependían de sus motos para sobrevivir económicamente. Crearon negocios (bisne) de transporte y usaron sus motos como recursos para mejorar su bienestar económico. Muchos de ellos, desafortunadamente, tuvieron que vender sus motos a visitantes extranjeros para poder alimentar a sus familias.

Muchas de las Harleys se habían roto y como no había piezas, muchos de los que montaban motos decidieron adquirir motos alemanas, checas y soviéticas las cuales eran nuevas y mas livianas. Pero algunos motociclistas pudieron mantener su compromiso con sus antiguas Harleys. Aprendieron a restaurarlas y las rescataron. Ahora, ellos saben arreglar, o fabricar cualquier pieza que necesitan.

Muchos de los Harlistas cuentas con sus motos para su trabajo cotidiano. Los usos mas comunes incluyen ir de compras al mercado, llevar a los niños al colegio, o salir a pasear con sus familias. En otros paises, estas motos las hubieran desechado y las pocas que quedarían hubieran sido consagradas a las colecciones de museos o coleccionistas privados. Pero en Cuba, estas son motos de trabajo, no solo objetos para colecciones. Se usan para cualquier tarea imaginable: funciones sociales como bodas y quinceañeras, transporte de familias, desfiles y hasta entierros.

Sogar russische Bauteile, die oft als Ersatz für die originalen Harley-Komponenten gedient hatten, wurden unerreichbar. Benzin wurde rationiert und war schwer aufzutreiben. Der alltägliche Überlebenskampf der Kubaner wurde noch um einiges schwieriger. Die Harlistas waren dadurch noch mehr auf ihre Motorräder angewiesen, die sie als Transportmittel und für das wirtschaftliche Überleben brauchten. Sie gründeten Transport „Geschäfte" und nutzten die Maschinen als Mittel, um sich wirtschaftlich über Wasser zu halten. Andererseits waren viele gezwungen, ihre Maschinen an Ausländer zu verkaufen, weil sie das Geld für ihre Familien brauchten.

Viele Harleys waren inzwischen kaputt und es gab, wenn überhaupt, nur wenige Ersatzteile. Daher entschieden sich viele kubanische Motorradfahrer für neue und leichtere Motorräder aus deutscher, tschechischer oder sowjetischer Produktion, obwohl immerhin einige ihren Museumsstücken treu blieben. Sie lernten, sie zu restaurieren und retteten sie vor dem Verschwinden. Inzwischen können sie fast jedes Teil, das sie brauchen, reparieren oder selber herstellen. Viele Harlistas verlassen sich auf ihre Motorräder auch bei den alltäglichen Aufgaben. Die häufigsten Formen der Nutzung sind Fahrten zum Markt, zur Schule oder Familienausflüge. In anderen Ländern wären diese Motorräder auf Schrottplätzen gelandet und ein paar restaurierte Exemplare wären von Museen oder Sammlern erworben worden. Aber in Kuba sind diese Motorräder Nutzfahrzeuge und keine bloßen Sammlerstücke. Sie werden für alle erdenklichen Zwecke gebraucht: im sozialen Leben für Hochzeiten und quinceañeras, für den Transport von Familienmitgliedern, für Paraden und sogar Beerdigungen.

These bikes are so much a part of the Harlistas' lives that many Harleys "live" inside their owners' homes and have names, for example, "Super Abuela" ("Super Grandmother"): owned by Sergio Morales, a Harley mechanic in Havana. His 1946 Flathead has been part of the Morales family for the past 35 years. Many Cuban motorcyclists would love to own one of these Harleys.

Foreign bikers are likewise eager to get their hands on them. Vintage Cuban Harleys can sell for $25,000 or more in the foreign marketplace, so it's difficult for a Cuban to resist selling his bike. The temptation is nearly overpowering in a country where the average monthly wage is the equivalent of $15. Even highly paid professionals might earn only $30 or $40 per month. There's much concern that the Harlista way of life will vanish along with the last of these old bikes. But the motorcycles are part of the Harlistas' identity and are animportant testimony to the spirit of the Cuban people. These bikes – like the Cuban people – will surely survive!

Cuban identity is strong, as can be seen in its music, dance and visual arts. This identity is further strengthened by the Harlistas and their determination. Cubans are a resilient people who maintain a positive outlook regardless of outward conditions. Their affection for one another and their love for their country are transferred to their love for their Harleys. After all, what could be better than riding your own vintage Harley together with your brothers and sisters on the most beautiful island in the world?

*Stuart A. Ashman*

Estas motos son tan importantes en la vida de los Harlistas, que muchas de ellas "viven" en las casas de sus dueños, y hasta les ponen nombres. Por ejemplo, la "Super Abuela" de Sergio Morales, un mecánico Habanero que tiene una Flathead del 1946 que ha formado parte de la familia de Sergio por 35 años.

A muchos motociclistas Cubanos les encantaría tener una de estas Harleys. Motociclistas extranjeros también están atrás de ellas. Harleys antiguas se venden por $25,000 o mas en el mercado de motos y por eso es hasta mas difícil que un Cubano se quede con la que tiene. La tentación de venderla es muy fuerte cuando el promedio de salarios es el equivalente de 15 dólares mensuales. Hasta los profesionals de alto salario solo llegan a ganar 30 o 40 dólares al mes. Hay mucha preocupación que la forma de vida de los Harlistas va a desparacer junto a la últimas motos que quedan. Pero estas motos forman parte de la identidad de los Harlistas y son un testimonio importante del espíritu del pueblo Cubano. Estas motos, como el pueblo Cubano, seguramente ¡van a sobrevivir!

La identidad del pueblo Cubano es muy fuerte. Esto es evidente en la música, el baile y las artes plásticas de Cuba. Esta identidad se fortifica más viendo la determinación de los Harlistas. Los Cubanos siempre mantienen una atitúd optimísta y positiva no obstante las condiciones exteriores. El cariño que se tienen uno al otro, y el amor a su patria, se transfieren al afecto que le traen a sus Harleys. Al fin, no hay nada mejor que pasear montado sobre tu antigua Harley al lado de tus hermanos y hermanas en la isla mas linda del mundo.

*Stuart A. Ashman*

Diese Motorräder gehören so sehr zum Leben der Harlistas dazu, dass viele Harleys im Haus ihrer Besitzer „wohnen“ und Namen tragen, wie zum Beispiel „Super Abuela“ („Super-Großmutter“): Im Besitz von Sergio Morales, einem Harley-Mechaniker in Havana, ist diese 1946er Flathead seit 35 Jahren Teil der Familie Morales. Viele kubanische Motorradfahrer hätten gerne eine dieser Harleys. Genauso sind ausländische Motorradfans scharf darauf, eine davon zu ergattern. Für klassische kubanische Harleys werden auf ausländischen Märkten 25.000 Dollar oder mehr bezahlt, daher ist es für einen Kubaner nicht leicht, der Versuchung zum Verkauf seiner Maschine zu widerstehen. In einem Land, wo der monatliche Durchschnittslohn 15 Dollar entspricht, muss diese Versuchung fast überwältigend sein. Selbst gutbezahlte Berufstätige verdienen oft nicht mehr als 30 oder 40 Dollar im Monat. Daher ist die Sorge verbreitet, dass der „Harlista way of life“ mit den letzten dieser alten Motorräder verschwinden könnte. Andererseits gehören diese Maschinen zur Identität der Harlistas und sie sind ein wichtiges Zeugnis für den Geist der Kubaner. Diese Motorräder werden – genauso wie das kubanische Volk – mit Sicherheit überleben!

Die kubanische Identität ist stark, das beweisen die Musik, der Tanz und die bildenden Künste. Durch die Harlistas und ihre Entschlossenheit wird diese Identität weiter gestärkt. Kubaner sind widerstandsfähige Menschen, die sich von der tatsächlichen Situation den optimistischen Blick in die Zukunft nicht nehmen lassen. Ihr Zusammenhalt untereinander und die Liebe zu ihrem Land finden auch in der Wertschätzung für ihre Harleys Ausdruck. Was gäbe es auch Besseres als auf der eigenen klassischen Harley mit Brüdern und Schwestern über die schönste Insel der Welt zu fahren?

*Stuart A. Ashman*

**"Las Harleys están desapareciendo rapidamente en Cuba"**

*José Ángel Pérez Moreno*

"Harleys are disappearing fast in Cuba, they are becoming an endangered species"

„Harleys verschwinden in Kuba mehr und mehr, sie werden zu einer gefährdeten Art"

## ★Sergio Morales Esquivel★

His 1946 Flathead is lovingly named "Super Abuela" or "Super Grandmother". He has kept her running for the last three decades, using her and the sidecar to haul all kinds of materials to build his house.

Su Flathead del 1946 se le dice "Super Abuela". La ha mantenido en condiciones por tres décadas, usando su "sidecar" para cargar toda clase de material para construir su casa.

Er bezeichnet seine Flathead von 1946 liebevoll als „Super Abuela" („Super-Großmutter"). Sergio hält sie seit drei Jahrzehnten in Gang und benutzt das Seitenwagengespann zum Transport von all dem Material, das er zum Bau seines Hauses benötigt.

# 1946 Flathead »

Sergio learned his craft from Pepe Milésima and now passes on his knowledge to other Harlistas who share his passion about Harleys. Sergio thinks that there are fewer than 200 Harleys left on the island from an original number as high as 6,000.

Sergio aprendió sus abilidades de Pepe Milésima y ahora enseña la técnica mecánica a otros Harlistas que comparten su pasión. Sergio dice que solo quedan unas 200 Harleys en Cuba de mas de las 6000 que habian antes.

Sergio hat sein Handwerk von Pepe Milésima gelernt und jetzt gibt er sein Wissen an andere Harlistas weiter, die seine Leidenschaft für Harleys teilen. Sergio schätzt, dass von ursprünglich 6.000 Harleys auf der Insel inzwischen weniger als 200 Harleys geblieben sind.

Without a dealership and supplies, Sergio makes many parts himself, using parts from lawnmowers to cars, whatever keeps the Harleys going. His wife Miriam shares his passion for Harleys because the bikes are part of their family.

Ya que no hay ni agencia ni piezas disponibles, Sergio fabrica muchas de ellas el mismo y usa lo que necesita sacándolas de segadoras, autos, en fin, cualquier cosa que pueda utilizar. Su esposa, Miriam, comparte su amor a las Harleys ya que las motos son parte de la familia.

Ohne Händler oder Ersatzteile macht Sergio viele Teile selbst, indem er Teile von Rasenmähern oder Autos benutzt – eben alles, was eine Harley am Laufen hält. Seine Frau Miriam teilt seine Begeisterung für Harleys, denn diese Maschinen sind Teil der Familie.

EL
GALER

★

**"En cualquier momento,
Sergio daría su vida
por una Harley"**

*Ricardo Gil Carrasco*

★

"Sergio would give his life
for a Harley any day"

„Sergio würde für eine Harley
jederzeit sein Leben geben"

21 de Octubre 1984

Esta hermosa postal va dedicada a quien ha hecho mucho por la "Harley Davidson" en Cubá

Para mi amigo Pepe.

Admiración, Cariño y Respeto de

Esquivel

# ★Pepe "Milésima" Lorenzo★

Many people consider Pepe "Milésima" to be the father of all motorcycle mechanics in Cuba. His nickname "Milésima" came from his meticulous work – everything had to be perfectly right, to one-thousandth of a millimeter. Sergio Morales, Eladio Castillo and others consider him the principal teacher of Harley mechanical skills.

A Pepe "Milésima" muchos lo consideran como el "padre" de los mecánicos de motocicleta en Cuba. Su apodo, "Milésima" viene de la meticulosidad de su trabajo. Todo tenía que estar perfectamente correcto, a la milésima de cada milímetro. Sergio Morales, Eladio Castillo y otros lo consideran el principal maestro de la técnica mecánica de la Harley.

Viele betrachten Pepe „Milésima" als den Vater aller Motorradmechaniker in Kuba. Sein Spitzname „Milésima" kommt von seiner sorgfältigen Arbeitsweise – alles musste perfekt auf das Tausendstel eines Millimeters genau stimmen. Für Sergio Morales, Eladio Castillo und andere ist er der wichtigste Lehrer, wenn es um das Fachwissen über die Harleymechanik geht.

His daughter Ydalma remembers that he started to work on Harleys when he was 21 years old in the garage that became his workshop. Harleys became part of the family and were present even on her wedding day.

Su hija, Ydalma recuerda que su papá empezó a trabajar con las Harleys cuando tenía 21 años en el garaje que luego se convirtió en el taller de Pepe. Las Harleys formaron parte de la familia de Milésima y estaban presentes en el día de la boda de Ydalma.

Seine Tochter Ydalma erinnert sich, dass er in der Garage, die zu seiner Werkstatt wurde, mit 21 Jahren anfing, sich mit Harleys zu beschäftigen. Harleys wurden zum Teil der Familie und waren sogar am Hochzeitstag mit von der Partie.

Every Father's Day, the day of his death, Harlistas honor him with a ride to Havana's Colón Cemetery to pay him their respects. They rev their engines and remember him and other fallen Harlistas.

Cada dia de los Padres, el aniversario de su muerte, los Harlistas lo honran con un paseo al Cementerio de Colón en La Habana para ofrecerle respeto. Arrancan sus motores y lo recuerdan a el y a otros Harlistas caídos.

An jedem Vatertag, der zugleich sein Todestag ist, ehren die Harlistas ihn mit einer Fahrt zum Kolumbus-Friedhof in Havana, um ihm ihre Hochachtung zu erweisen. Sie lassen ihre Maschinen aufheulen und gedenken seiner und anderen verstorbenen Harlistas.

His passion for Harleys since he was a child turned into a lifetime obsession for Adolfo. Over the years he was a member of different motorcycle clubs in Havana and is now the acting President of the Cuban Chapter of the Latin American Motorcycle Association, LAMA.

Desde su niñez, a Adolfo le encantaban las Harleys. Esta pasión se convirtió en la obsesión de toda su vida. Durante años fue miembro de varias organizaciones de motociclistas en La Habana y actualmente es el Presidente de la Latin American Motorcycle Association (LAMA) en Cuba.

Die Leidenschaft für Harleys, die Adolfo schon als Kind empfand, steigerte sich zu einer lebenslangen Besessenheit. Im Lauf der Zeit war er Mitglied in verschiedenen Motorradklubs in Havana. Nun ist er der amtierende Präsident der kubanischen Abteilung der LAMA, der Latin American Motorcycle Association.

## ★ Adolfo Reinaldo Prieto Rosell ★

MOTOR
HARLEY-DAVIDSON
CYCLES
Live the

MEXICO

Club members like to hang out together and find adventure riding their bikes. He likes the suspension on his current 1958 Panhead because it gives him a smoother ride. Over the years he has had at least five or six bikes.

A los miembros de la LAMA les gusta andar juntos y buscar aventuras mientras montas sus motos. Le gustan mucho los muelles de su Panhead 1958 porqué le dan un paseo suave. En sus años como motociclista Adolfo ha disfrutado de mas de 5 o 6 motos.

Die Klubmitglieder verbringen gerne ihre Zeit miteinander und Motorradtouren sind ihr Abenteuer. Er schätzt die Federung seiner gegenwärtigen 1958er Panhead, weil sie ein bequemeres Fahrverhalten bietet. Über die Jahre hatte er mindestens fünf oder sechs Maschinen.

# ★Ernesto Guevara March★

Ernesto Guevara March, the youngest son of revolutionary leader Ernesto "Che" Guevara, is also a member of the Cuban chapter of the LAMA (Latin American Motorcycle Association). On January 4, 1952, then 23 years old, Che and his friend Alberto Granada jumped on an old Norton motorcycle and rode across South America for eight months. He chronicled the journey in his diaries, which became a book and later the screenplay for the film "Diarios de Motocicleta". Ernesto Jr. now rides an old Panhead and keeps old Harleys, frames and a sidecar in a nearby storage unit. When not riding with his brothers, he likes to learn about Harleys from the best: Sergio Morales.

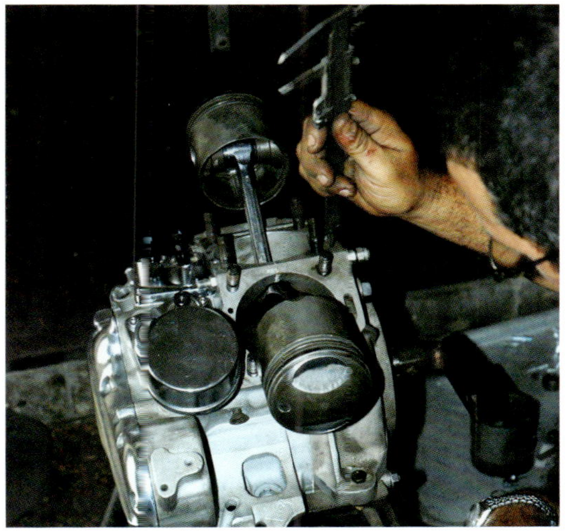

Ernesto Guevara March, el hijo menor del lider revolucionario Ernesto "Che" Guevara, también es miembro de la LAMA (Latin American Motorcycle Association). En el 4 de Enero del 1952, El Che y su amigo Alberto Granado se montaron en una antigua motocicleta Norton y viajaron por Sudamérica por ocho meses anotando sus aventuras en su diario. El mismo fue publicado y luego salió la famosa película de cine: "Diarios de Motocicleta". Ernesto Jr. tiene y monta una antigua Panhead y también tiene guardadas varias otras antiguas Harleys, cuadros y un "sidecar" (cochecillo de lado) en un almacén.

Ernesto Guevara March, der jüngste Sohn des Revolutionsführers Ernesto „Che" Guevara, ist ebenfalls ein Mitglied der kubanischen Sektion der LAMA (Latin American Motorcycle Association). Am 4. Januar 1952, bestieg Che, damals 23 Jahre alt, zusammen mit seinem Freund Alberto Granado ein altes Norton-Motorrad und fuhr acht Monate lang durch Südamerika. Er dokumentierte die Reise in seinen Tagebüchern, aus denen erst ein Buch entstand und später das Drehbuch für den Film „Diarios de Motocicleta".

Ernesto Jr. fährt eine alte Panhead und hat alte Harleys, Rahmen und einen Beiwagen in einem nahegelegenen Lager. Wenn er nicht mit seinen Brüdern unterwegs ist, nimmt er gerne Unterricht in Sachen Harleys bei dem besten aller Kenner: Sergio Morales.

★

**"Dicen que Dios creó el mundo en siete dias – y en el octavo creó la Harley"**

*Armando Castro*

★

"People say God created the world
in seven days and on the eight
he created a Harley"

„Es heißt, Gott hat die Welt
in sieben Tagen erschaffen,
am achten aber hat er eine
Harley gemacht“

# ★Cinco Amigos★

Going on long-distance trips on a Harley is expensive for Cubans. Julio Palmero had heard so many stories from foreigners about how beautiful Oriente is, in the eastern part of Cuba. So he and four friends decided to take a cross-country trip.

Viajar a largas distancias es costoso para los Cubanos. Pero Julio Palmero había oído tantos cuentos de extranjeros sobre la belleza de Oriente, en la pare oriental de la isla que el y cuatro amigos decidieron hacer la jornada.

Langstreckenfahrten mit Harleys sind für Kubaner teuer. Julio Palmero hat schon viele Berichte von Ausländern gehört, wie schön Oriente, im östlichen Teil von Kuba sind. Zusammen mit vier Freunden entschloss er sich deshalb eine Überlandfahrt zu machen.

CRISTAL

Their plan was to take the train to Oriente and then ride their bikes to La Punta de Maisí, the easternmost tip of the island. But a train crash on the day of departure changed their plans. So they rode the bikes all the way to the eastern most tip of Cuba, from paved to gravel to "no" roads for the last couple of miles.

Planeaban viajar en tren y después montar las motos hasta la Punta de Maisí, pero un choque del tren cambió estos planes. Decidieron montar las motos todo el camino, por carreteras pavimentadas, caminos de tierra y piedra, y al final del viaje, hasta donde no había camino ninguno.

Ihr Plan war es, mit dem Zug nach Oriente zu fahren und dann weiter mit den Motorrädern bis zur östlichsten Spitze der Insel, nach La Punta de Maisí. Aber ein Zugunfall am vorgesehenen Tag änderte ihren Plan und sie fuhren die ganze Strecke mit den Motorrädern, bis zur östlichsten Spitze von Kuba, erst auf Asphaltstraßen, dann auf Schotterstraßen und auf den letzten Meilen auf gar keinen Straßen.

Julio Palmero, Julio César Pérez, José Fleites, Eladio Castillo and and Adolfo Prieto became even closer friends on this trip with all the little breakdowns they experienced. Old men cried when they saw the bikes, reminding them of when they had to sell their bikes to make ends meet in hard economic times.

Julio Pamero, Julio César Pérez, José Fleites, Eladio Castillo y Adolfo Prieto llegaron ser hasta mejores amigos durante este viaje con todos losproblemitas mecánicos que encontraron. Viejitos que veían las motos se ponían a llorar porqué recordaban cuando ellos tuvieron que vender sus Harleys para alimentarse durante épocas de dificultad económica.

Julio Palmero, Julio César Pérez, José Fleites, Eladio Castillo und Adolfo Prieto wurden auf dieser Fahrt bei den ganzen Pannen, die sie miteinander durchmachten, noch engere Freunde. Alten Männern kamen die Tränen, als sie die Motorräder sahen, die sie daran erinnerten, dass sie ihre eigenen Maschinen verkaufen mussten, um in wirtschaftlichen Notzeiten über die Runden zu kommen.

They were welcomed wherever they showed up with their bikes. It took them 13 days for the 1,500 miles roundtrip. Their second trip to the Roncali Lighthouse in the westernmost part of Cuba took only three days.

A donde quiera que llegaban con sus motos, la gente les daba una calurosa bienvenida. Viajaron por 13 días para completar este viaje de 1500 millas. Su segundo viaje juntos, a la parte occidental de Cuba, El Farol de Roncali, solo tomó tres días.

Wo immer die fünf Freunde mit ihren Motorrädern auftauchten wurden sie willkommen geheißen. Sie brauchten 13 Tage für die Strecke von 2.400 Kilometern. Ihr zweiter Ausflug zum westlichsten Punkt Kubas, dem Roncali-Leuchtturm dauerte nur drei Tage.

## ★ José Ángel Pérez Moreno ★

"Pipi", as his friends call him, left Cuba in 1992 on a small boat which landed in Florida 12 hours later. He missed his homeland, his friends and his family, so in 2004 he did the unthinkable: he returned to Cuba, where he began to restore and collect Harleys.

"Pipi", el apodo que le pusieron sus amigos, salió de Cuba en una lancha en el 1992 y llegó a la Florida en 12 horas de viaje. Al poco tiempo, Pipi extrañó a su patria, sus amigos y su familia y en el 2004 hizo lo impensable: Regresó a Cuba y empezó a reparar y coleccionar Harleys.

„Pipi", wie seine Freunde ihn nennen, verließ Kuba 1992 auf einem kleinen Boot, das zwölf Stunden später in Florida anlegte. Weil er sich nach seiner Heimat, den Freunden und der Familie sehnte, tat er 2004 das Undenkbare: er kehrte nach Kuba zurück, wo er anfing, Harleys zu restaurieren und zu sammeln.

His fleet now includes three Flatheads, a Knucklehead, a Panhead and an Indian. When he doesn't get parts from friends in the USA, he makes them himself in the small shed behind his house. He worries that too many other Harlistas have to sell their bikes to provide for their families. The sold bikes end up leaving the country. Pipi likes his new life, his new wife Nely and their son "Jarley", which is actually how you would spell "Harley" in Spanish.

Su flotilla ahora consiste de tres "Flatheads", una "Knucklehead", una "Panhead" y una moto "Indian". Cuando las piezas no le llegan de sus amigos en los EUA, el mismolas hace en el modesto taller que se encuentra detrás de su casa. A Pipi le encanta su nueva vida, su nueva esposa Nely, y su hijo Jarley – que es como se pronuncia Harley en Español.

Seine Flotte besteht aus drei Flatheads, einer Knucklehead, einer Panhead und einer Indian. Wenn er keine Ersatzteile von Freunden aus den USA bekommen kann, stellt er sie selbst in dem kleinen Schuppen hinter seinem Haus her. Es beunruhigt ihn, dass zu viele andere Harlistas ihre Maschinen verkaufen müssen, um ihre Familien zu ernähren. Die verkauften Motorräder gehen schließlich ins Ausland. Pipi mag sein neues Leben, seine neue Frau Nely und ihren Sohn „Jarley", dessen Name genauso klingt wie Harley auf Spanisch.

## ★Mario Ángel Guerrero Gómez★

When Mario married his wife more than 17 years ago, he got a big present: his wife's grandfather owned this 1937 Harley and passed it on to him. He thought it was very ugly because it had been abandoned for many years.

Cuando Mario se casó con su esposa hacen mas de 17 años, recibió un gran regalo: la abuela de su esposa le regaló una Harley del 1937. El pensó que la moto era muy fea porqué llevaba muchos años de abandono.

Als Mario vor mehr als 17 Jahren seine Frau heiratete, bekam er ein großes Geschenk: Der Großvater seiner Frau besaß diese 1937er Harley und die überließ er ihm. Er fand sie sehr hässlich weil sie viele Jahre nicht in Betrieb war.

HARLEY-DAVIDSON

★Mario Ángel Guerrero Gómez★

# 1937 Flathead

»

The paint was bad and the chrome nonexistent. He was told to repair it first before trying to start it, "Who knows what could be broken?"...So he took out the old oil, filled her up with gas and fresh oil, gave her a good couple of kicks... and she started – sputtering, but she started up! As a refrigerator mechanic, he has tools in his garage and these helped him to restore the bike.

La pintura estaba muy mal y no le quedaba nada de cromo. Le dijeron que debería de arreglarla antes de tratar de arrancarla, "¿Quién sabe lo que está roto?"... Le sacó el aceite que tenía y la llenó de gasolina; le dio un par de pedaleadas y arrancó – tosiendo, ¡pero arrancó! Mayito es mecánico de refrigeradores y, por lo tanto, tiene todas las herramientas que ha usado para restaurar la moto.

Die Lackierung war stumpf und der Chrom abgeblättert. Man riet ihm, er solle sie erst mal in Ordnung bringen, bevor er versuche sie zu starten: „Wer weiß, was alles kaputt ist?"...Also machte er einen Ölwechsel, tankte sie auf und versuchte einige Male zu starten... und sie sprang an, stotternd aber sie war angesprungen. Als Kühlschrankmechaniker hat er Werkzeuge in seiner Garage, mit denen er das Motorrad restaurierte.

# ★Eladio Fidel Castillo Fernández★

Eladio is a very respected mechanic by his fellow Harlistas. He is also known for his spectacular crashes on his bike. One crash left him on crutches and in a wheelchair for eight months. Riding bikes when he was 11 years old did not make his mother too happy.

Eladio es un mecánico muy respetado por todos sus compañeros Harlistas. También tiene mucha fama por los choques espectaculares que ha tenido en su moto. Uno de ellos lo dejó con muletas y una silla de ruedas por ocho meses. Empezó a montar cuando tenía once años, acto que no agradó mucho a su mamá.

Eladio genießt bei den anderen Harlistas großen Respekt als Mechaniker. Außerdem ist er berühmt für die spektakulären Stürze mit seinem Motorrad. Nach einem dieser Stürze musste er acht Monate lang mit Krücken und einem Rollstuhl vorlieb nehmen. Schon mit elf Jahren begann er, Motorrad zu fahren, was seine Mutter nicht gerade glücklich machte.

★Eladio Fidel Castillo Fernández★

# 1952 Panhead »

He bought his first bike for around $50 because it was missing many pieces and by default he had to make them himself. His machine shop is a testimony to his skills and ingenuity.

Compró su primera moto por $50 porqué le faltaban tantas piezas. Por lo tanto, tuvo que fabricarlas el mismo. Su taller es testigo de lo ingenioso que es este mecánico y de sus habilidades técnicas.

Sein erstes Motorrad bekam er für etwa 50 Dollar, weil viele Teile fehlten und darum musste er sie selber machen. Seine Werkstatt ist der beste Beweis für sein Können und seine Erfindungsgabe.

Cheito met the Bretos family (owners of the Havana Harley-Davidson dealership) when he traveled there from Matanzas to trade in his 750cc Indian for a brand new Harley 74. He wanted a “virgin” Harley, so he could be her “first husband”. He traveled to Daytona, Florida with his Harley on a trip sponsored by the Cuban government and it was there that he had the opportunity to meet Harley and Davidson. Cheito started riding Harleys when he was 30 years old and today, at 102 he says, “I am ready to ride a Harley again, anytime”.

# ★José Julio “Cheito” Puig García★

Cheito llegóa conocer a Los Bretos (dueños de la agencia de Harley-Davidson en La Habana) cuando fué allá desde Matanzas porqué quería cambiar su Indian de 750cc. Buscaba una Harley 74 nueva de paquete. El quería que la moto sea "virgen" para que el pueda ser su primer "marido". Viajó a Daytona, Florida con su Harley con el apoyo del gobierno Cubano y ahí tuvo la oportunidad de conocer a los hermanos Harley y Davidson. Cheito empezó a montar Harleys cuando tenía 30 años y hoy día, a los 102 dice: "Cuando quieras estoy listo para montar una Harley otra vez."

Cheito lernte die Familie Bretos (die Besitzer der Harley-Davidson-Vertretung in Havana) kennen, als er von Matanzas anreiste, um seine Indian mit 750 Kubikzentimeter gegen eine nagelneue Harley 74 auszuwechseln. Er wollte eine „jungfräuliche" Harley, damit er ihr „erster Ehemann" sein konnte. Mit seiner Harley reiste er nach Daytona in Florida, ein Trip, der von der kubanischen Regierung gesponsert wurde, und dort bekam er die Gelegenheit, die Herren Harley und Davidson kennen zu lernen. Cheito begann mit dreißig Jahren Harleys zu fahren und heute, mit 102 sagt er: „Ich bin jederzeit bereit, wieder eine Harley zu fahren, wann auch immer."

"Las Harleys son motos fuertes, sus motores son inmortales, si las cuidás"

*Sergio Morales Esquivel*

"Harleys are strong bikes, their engines are almost immortal if you care for them"

„Harleys sind starke Motorräder, ihre Maschinen sind fast unverwüstlich wenn man sie richtig pflegt“

# ★Ricardo Gil Carrasco★

His 1947 Harley has a long family history. His father purchased it from the Bretos dealership as a brand-new bike and passed it on to his son. Ricardo got his motorcycle license when he was 18 years old and uses the bike as his only mode of transportation in Havana. It still has its original motor and has been running flawlessly for over 60 years. Being a Harlista means a lot to him because, among other things, it allows him to secure the parts that he needs by exchanging extra parts with other Harley riders.

Su Harley del 1947 tiene una larga historia con su familia. Su papá la compró nueva de paquete de la agencia de Bretos. Luego se la regaló a su hijo. Ricardo sacó su licencia de moto cuando tenía 18 años. Ahora la usa como su único modo de transportación en La Habana y lleva mas de 60 años sin problemas. Para Ricardo, el acto de ser Harlista es muy significativo, porqué aparte de todo lo demás, el puede conseguir las piezas que necesita cuando intercambia sus piezas sobrantes con otros Harlistas.

Seine Harley, Jahrgang 1947 hat in der Familie eine lange Geschichte. Sein Vater kaufte sie nagelneu bei der Harley-Vertretung Bretos und gab sie an seinen Sohn weiter. Ricardo machte mit 18 Jahren den Motorrad-Führerschein und er benutzt kein anderes Transportmittel in Havana als das Motorrad. Es ist ein Original-Motor und sie läuft unermüdlich seit mehr als sechzig Jahren. Es bedeutet ihm viel, ein Harlista zu sein, denn es ermöglicht ihm unter anderem, sich die Ersatzteile, die er braucht, durch Tauschgeschäfte mit anderen Harley-Fahrern zu beschaffen.

# ★Lázaro Rolando Sánchez Hernández★

At the early age of 12, Rolando rode with his father, Pedro Luis Sánchez, who taught him the basics of riding a big twin motorcycle. At age 13, he was doing it by himself. A student of economics at the University of Havana, Rolando is still deciding what to do with his life.

A los doce años Rolando montaba con su papá, Pedro Luis Sánchez, aprendiendo lo mas básico de la técnica de montar una moto grande de dos cilindros. A los trece, ya la montaba solo. Ahora, Rolando estudia Economía en la Universidad de La Habana y esta decidiendo lo que va a hacer con su carrera.

Bereits mit zwölf Jahren war Rolando mit seinem Vater Pedro Luis Sánchez unterwegs, der ihm die Grundlagen beibrachte, wie man ein großes Zweizylindermotorrad fährt. Mit dreizehn konnte er schon alleine fahren. Als Student der Wirtschaftswissenschaften an der Universität von Havana steht Rolando die Entscheidung, was er aus seinem Leben machen will, noch offen.

HARLEY-
DAVIDSON

★

**"Las Harleys han unificado a mi familia"**

*Ricardo Salmerón Calderín*

★

"Harleys have united my family"

„Harleys haben meine Familie zusammengeschweißt"

# ♥ Harlista Wedding ♥

There is always a reason to hang out together, but a typical Cuban wedding, „Harlista Style" is really special. The traffic in the street stops, and the neighbors come out to help celebrate. Cuban Harlistas know how to party with typical Cuban food, like this pig roast and lots of good rum and Cuban music.

Siempre se pueden encontrar razones para estar juntos, pero una boda Cubana al estilo Harlista es algo muy especial. El tráfico se detiene y todos los vecinos salen a la calle para participar en la celebración. Harlistas Cubanos si saben como gozar con la comida típica Cubana: el lechón asado, mucho ron y la música Cubana.

Es gibt immer einen Grund, zusammen herumzuhängen, aber eine typische kubanische Hochzeit im „Harlista-Stil" ist wirklich was Besonderes. Der Verkehr in der Straße steht still, und die Nachbarn finden sich ein, um mitzufeiern. Kubanische Harlistas verstehen sich darauf, Partys zu feiern, mit typischen kubanischen Speisen wie gegrilltem Schwein, jeder Menge gutem Rum und kubanischer Musik.

## ★Jorge Luis Fleites Devora★

Selling his old Buick was easy for Jorge once he experienced the friendship and bond between other Harlistas when he showed up at vintage car rallies with his Buick. He thinks Harley riders garner respect from their fellow Cubans. This became evident on a trip around the island that he took with four of his friends. The hospitality he experienced made him a proud Harlista, since there are not too many bikes left on the island and they are an attraction wherever they are seen.

La venta de su antiguo Buick fue fácil para Jorge cuando sintió la amistad y fraternidad que existe entre los Harlistas. El se encontraba con ellos cuando exponía su Buick. Jorge cree que a los Harlistas los respetan sus compatriotas Cubanos. Se dio cuenta de esto cuando viajó alrededor de la isla con cuatro amigos en sus Harleys. La amibilidad que recibió del pueblo le dio mucho orgullo de ser Harlista. Ya que no hay muchas Harleys en Cuba, estas son una atracción donde quiera que aparezcan.

Es fiel Jorge leicht, seinen alten Buick zu verkaufen, nachdem er Oldtimer-Treffen mit seinem Buick besucht hatte und die Freundschaft und Verbundenheit zwischen den Harlistas erlebt hatte. Er glaubt, dass Harley-Fahrern von ihren kubanischen Landsleuten große Anerkennung entgegengebracht wird. Das bemerkte er bei einer Tour um die Insel herum, die er mit vier Freunden unternahm. Die Gastfreundschaft, die er erlebte, machte aus ihm einen stolzen Harlista, denn es gibt nicht mehr viele Maschinen auf der Insel und wo immer sie auftauchen stellen sie eine Sehenswürdigkeit dar.

# ★Jorge Santos Prats★

At the young age of 16, Jorge started to drive the family Ford Fairline 500 without a license. To ease her fear, his mother sold the car and gave him the money. He saw a 1947 Flathead in Havana and decided to buy it, using all of the 7,000 Cuban pesos that his mother had given him from the sale of the Fairlane. Other Harlistas look for bikes in the country, where they can sometimes be cheaper, though in worse condition. Even though that amount of money would have been enough to build a two-story house he didn't care. He made so many modifications on the bike that he considered it "Made in Cuba". He eventually sold the bike and now rides a 1946 Knucklehead.

Cuando Jorge apenas tenía 16 años, empezó a manejar el Ford Fairlane 500 de su familia aunque no tenía licencia. Su mamá se preocupaba mucho y lo vendió. Al fin, le dio a Jorge el dinero que sacó de la venta del carro. Jo´ge vió una Flathead del 1947 en La Habana y decidió comprársela gastándose los 7000 Pesos Cubano que la había dado su mamá. Otros Harlistas buscan motos para comprar en el campo, donde se encuentran mucho mas baratas, aunque en peores condiciones. Pero a el no le importaba, aunque con esa suma hubiera podido construir una casa de dos pisos. Le hizo tantas modificaciones a la moto que ahora la considera "Hecho en Cuba". Finalmente la vendió y ahora monta una Knucklehead del 1946.

Im jugendlichen Alter von sechzehn Jahren begann Jorge ohne Führerschein den Ford Fairline 500 der Familie zu fahren. Seine Mutter verkaufte den Wagen, weil sie sich zu viele Sorgen machte. Den Erlös aus dem Verkauf gab sie ihm. Er sah eine 1947er Flathead in Havana und beschloß, sie zu kaufen. Dazu musste er die gesamten 7.000 kubanischen Pesos aufwenden, die ihm seine Mutter von dem Verkauf des Fairlane gegeben hatte. Andere Harlistas sehen sich auf dem Land nach Motorrädern um, wo die Preise manchmal niedriger sind, allerdings auch im schlechteren Zustand. Doch das kümmerte ihn nicht, obwohl er mit dem Geldbetrag ein zweistöckiges Haus hätte bauen können. Er veränderte das Motorrad so sehr, dass er es nun als „Made in Cuba" betrachtet. Schließlich verkaufte er die Maschine und fährt nun eine 1946er Knucklehead.

**"Harleys están en tu sangre, por eso le tenemos tanto cariño"**

*Omar Fernández López*

"Harleys are in your blood,
you get attached to them"

„Harleys hast du im Blut,
sie werden ein Teil von dir"

C.D.R.-1
ZONA 18

HARLEY-DAVIDSON
1200cc King of the Highway
ELECTRA-GLIDE

# ★Santiago Tomas Hernández Cardozo★

In 2001 Santiago bought most of the pieces to build his Harley from the trunk of a car. He had no tires, no seat and only a 1936 three-speed gear box. Over the next five years, with the help of his wife Mildrey, he added a fourth gear and increased the engine size from 750 to 1200. Having his wife as passionate as he is about the bike is a blessing for him, since it is not the norm in Cuba.

En el año 2001, Santiago encontró unas piezas de Harley en el maletero de un auto y las compró. En ese momento, no tenía ni gomas, ni asiento y solo tenía una caja de tres velocidades para su Harley del 1936. Durante los próximos cinco años, con la ayuda de su esposa Mildrey, le puso una cuarta velocidad y aumentó el tamaño del motor de 750cc a 1200cc. La esposa de Santiago comparte su amor a las Harleys y esto viene siendo una bendición para el, porqué normalmente no es así con las esposas.

2001 entdeckte Santiago im Kofferraum eines Autos Teile einer Harley und kaufte sie. Es fehlten die Reifen und der Sitz und es gab nur ein Dreiganggetriebe von 1936. Während der nächsten fünf Jahre und mit Hilfe seiner Frau Mildrey fügte er einen vierten Gang hinzu und vergrößerte den Hubraum des Motors von 750 auf 1200. Es ist für ihn ein Segen, eine Frau zu haben, deren Leidenschaft für das Motorrad genauso groß ist wie seine, denn das ist in Kuba keineswegs die Norm.

★Julio Antonio Palmero Pedrianes★

# ★ Julio Antonio Palmero Pedrianes ★

1991 was not a good year for Julio. He was broke and had just crashed his 1950 Panhead. After repairing the bike, he was offered serious money for it by a man from Spain. Julio eventually sold his bike to put food on the table. After leaving the Cuban Army, as the economic crisis in Cuba entered the "Special Period", he learned how to fix bikes without any manuals; just by trial and error, as many others did in Cuba. He has restored more than 20 Harleys out of necessity.

El 1991 no fué un buen año para Julio. Estaba en bancarrota y acababa de chocar so moto del 1950. A partir de los arreglos de su Panhead un Español le ofreció dinero "en serio". Al fin, Julio le vendió la moto para poder alimentar a su familia. Cuando terminó su servicio militar, y entraba el periodo especial económico en Cuba, Julio aprendió a arreglar motos. Como muchos otros, sin manuales técnicos, solo tratando y experimentando. Por necesidad, Julio ha restaurado mas de 20 motos.

1991 war für Julio kein gutes Jahr. Er war pleite und hatte gerade seine Maschine des Jahrgangs 1950 zu Schrott gefahren. Nachdem er die Panhead repariert hatte, wurde ihm dafür von einem Spanier richtig gutes Geld geboten. Schließlich verkaufte Julio sein Motorrad, um Essen auf den Tisch zu bekommen. Nach seiner Entlassung aus der kubanischen Armee und mit dem Übergang der kubanischen Wirschaftskrise in die sogenannte „Sonderperiode", bildete er sich, wie viel andere in Kuba, daraus, Motorräder zu reparieren, das heißt, ohne irgendwelche Handbücher, allein auf der Basis von Versuch und Irrtum. Inzwischen hat er mehr als 20 Harleys restauriert um seinen Lebensunterhalt zu verdienen.

# ★José Antonio Sobrino Rodríguez★

José still gets goose bumps when he sees a Harley on the road. Harleys have been in his blood for more than 30 years. He remembers riding into Havana on a Flathead Harley with his father. His workshop is full of Harley parts he's collected over the years from people who were discarding them. If he can't find the parts he needs, he uses the skills he learned from Pepe "Milésima" Lorenzo. Pepe was very strict in his teaching, very exact, the same way that José is today. His collection includes bikes and cars going back to the 1930s.

José todavía se eriza cuando ve una Harley en la carretera. Las Harleys han corrido por su sangre por mas de treinta años. El recuerda sus viajes a La Habana montado en la Flathead de su papá. Su taller está lleno de piezas que acumuló durante muchos años siempre encontrando personas que se deshacían de estas u otros componentes. Si no encuentra lo que busca, el mismo las hace, utilizando las técnica que aprendió de Pepe "Milésima" Lorenzo. Pepe era muy estricto en su método de enseñanza, muy exacto, igual como trabajaba José. Su colección incluye motos y carros que llegan hasta los años 30.

José bekommt immer noch Gänsehaut, wenn er auf der Straße eine Harley sieht. Seit mehr als dreißig Jahren hat er Harleys gleichsam im Blut. Er erinnert sich daran, wie er einst mit seinem Vater auf einer Flathead Harley in Havana einfuhr. Seine Werkstatt ist voll von Ersatzteilen, die er im Lauf der Zeit gesammelt hat, wann immer er Leute traf, die Teile oder anderes Zubehör ausrangiert haben. Wenn er die Teile, die er braucht, nicht findet, kommen die Fähigkeiten zum Einsatz, die er von Pepe „Milésima" Lorenzo gelernt hat. Pepe war ein sehr strenger Lehrer, sehr genau, ebenso wie José heute. Seine Sammlung umfasst Motorräder und Autos, von denen die Ältesten aus den 1930er Jahren stammen.

**"Basicamente, podemos hacer una moto completa, si tenemos que hacerlo"**

*José Antonio Sobrino Rodríguez*

"We can basically make a whole bike ourselves if we have to"

„Wenn es sein muss, können wir eine ganze Maschine selber zusammenbauen"

# ★Lázaro Alfonso★

One if his first bikes was a new 1956 Harley. But in 1987, he sold it and another bike, and bought a Ford Crown Victoria to accommodate his growing family. Deep down he wanted to have another Harley again. He quit his state job as a swimming instructor and became a mechanic focusing on Harleys. His neat and clean garage speaks volumes about his passion for the bikes.

Una de sus primeras motos fue una Harley del 1956 ¡nueva de paquete! Pero en el 1987 la vendió, junto a otra Harley que tenía para comprarse un Ford Crown Victoria. Este lo necesitaba para acomodar a su creciente familia. Pero siempre soñaba con tener otra Harley. Al fin, dejó su trabajo estatal de maestro de natación y se hizo mecánico, enfocado principalmente en Harleys. Su taller, tan limpio y organizado demuestra el amor y la pasión que tiene para estas motos.

Eines seiner ersten Motorräder war eine neue 1956er Harley. Aber 1987 verkaufte er sie zusammen mit einem anderen Motorrad, um einen Ford Crown Victoria anzuschaffen, in dem seine wachsende Familie Platz fand. Insgeheim aber wollte er wieder eine Harley haben. Er kündigte seinen staatlichen Posten als Schwimmlehrer und wurde Mechaniker, spezialisiert auf Harleys. Seine ordentliche und saubere Garage spricht Bände über seine Leidenschaft für Motorräder.

HARLEY-DAVIDSON

## ★ Ricardo Salmerón Calderín ★

His 1960 Duo-Glide was shipped to Cuba the year of the triumph of the revolution. He thinks it was probably one of the last ones to arrive from the U.S. Ricardo has been riding for more than 30 years. Bikes are part of his upbringing. His father and his brother both rode Harleys. It is as if Harleys are in the family's blood. Since there are no new parts in Cuba, he and his fellow Harlistas exchange ideas on how to fix them. They make special parts and in doing so keep the spirit alive by making even the most complex components themselves.

La Duo Glide de Ricardo llegó a Cuba el año del triunfo de la revolución. El se imagina que fue una de las últimas que llegó a Cuba de los EUA. Ricardo lleva mas de 30 años montando su Harley. Su papá y su hermano también montaban Harleys, es como si corriera en la sangre de esta familia. Ya que no hay piezas nuevas en Cuba, Ricardo y sus compañeros Harlistas discuten como arreglarlas. El y sus amigos fabrican piezas especializadas y con esto mantienen el espíritu de la Harley en Cuba creando hasta los mas complejos componentes de las motos.

Seine 1960er Duo-Glide wurde genau in dem Jahr nach Kuba geliefert, als die Revolution triumphierte. Er glaubt, dass es wahrscheinlich eine der letzten war, die aus den USA eintrafen. Ricardo fährt seit über dreißig Jahren, er ist mit Motorrädern aufgewachsen. Sein Vater und sein Bruder sind ebenfalls Harley gefahren, als hätte die Familie die Harley im Blut. Da es in Kuba keine Neuteile gibt, tauscht er mit den anderen Harlistas Ideen darüber aus, wie sie ihre Reparaturen durchführen können. Sie stellen die Zubehörteile selber her und halten den Geist lebendig, indem sie auch noch die kompliziertesten Komponenten eigenhändig produzieren.

# ★Pedro Luis Sánchez Hernández★

When he's not working on his Harley or his house, Pedro uses his 1956 Ford Fairlane to chauffeur wedding couples on their special day. "Coming of age" ceremonies for 15-year-old girls are also good business for him. Other Harlistas will join him sometimes on these special days. His original 1948 Panhead was modified and looks and rides more like a 1958 Duo-Glide. It has been his pride and joy for almost 20 years. He hopes to get more parts he needs from his family members in the U.S.

Cuando no está arreglando su Harley o su casa, Pedro maneja so Ford Fairlane del 1956. Se dedica a alquilarlo para bodas en estos días especiales para los recién casados. Las Quinceañeras, también le producen una fuente de entrada económica. Hay-veces que otros Harlistas vienen a ayudarlo durante este trabajo. El ha modificado su Panhead original del 1948 y ahora funciona como una Duo-Glide del 1958. Por mas de 20 años la moto lo ha llenado de orgullo. Pedro tiene la esperanza que sus familiares en los EUA le consigan mas de las piezas que necesita.

Wenn er nicht an seiner Harley oder an seinem Haus arbeitet, chauffiert Pedro Frischvermählte an ihrem Hochzeitstag in seinem 1956er Ford Fairlane. Zeremonien mit denen der fünfzehnte Geburtstag von Mädchen als Schritt zur Frau gefeiert wird, sind für ihn ebenfalls ein gutes Geschäft. Andere Harlistas schließen sich ihm an diesen besonderen Tagen manchmal an. Der Originalzustand seiner Panhead von 1948 wurde verändert, sodass sie nun im Aussehen und Fahrverhalten eher einer 1958er Duo-Glide gleicht. Seit fast zwanzig Jahren ist sie sein Stolz und seine Freude. Er hofft, dass er Teile, die noch fehlen, von Familienmitgliedern in den USA beschaffen kann.

YUASA

★

**"Le dedico mi vida porque me respeta, y por eso la quiero"**

*Yuri García Fundora*

★

"I dedicate my life to her because she respects me and I love her for that"

„Ich widme ihr mein Leben, denn sie respektiert mich und dafür liebe ich sie"

## ★Yuri García Fundora★

His black 1958 Harley has a sad story attached to it. It belonged to a Canadian who lived in Cuba for many years. The Canadian Harlista died after a tragic accident in 2004 and Yuri inherited the bike through his sister, who had worked with the Canadian. Yuri works as a hospital administrator and credits the bike with having made him a better person and having given him a more balanced outlook. As a tribute to the Canadian, he has never repainted or changed the bike in any way. He is taking steps to assure that it will be passed on to his own children.

Su Harley 1958, de color negro, tiene un cuento triste. La moto era de un Canadiense que vivió en Cuba por mucho años. El Harlista Canadiense se mató en un accidente trágico en el 2004. Yuri llegó a ser el heredero de la moto por parte de su hermana quien trabajaba con el Canadiense. Yuri es administrador en un hospital y dice que su Harley lo ayudó a ser una persona de mejor juicio. Nunca pintó la moto ni la ha cambiado para honrar al motociclista Canadiense. También esta tomando los pasos necesarios para asegurar que la moto pase a sus hijos.

Seine schwarze Harley von 1958 ist mit einer traurigen Geschichte verbunden. Sie gehörte einem Kanadier, der viele Jahre in Kuba lebte. Der kanadische Harlista starb 2004 nach einem tragischen Unfall und Yuri erbte das Motorrad durch seine Schwester, die mit dem Kanadier zusammengearbeitet hatte. Yuri ist Verwalter in einem Krankenhaus. Er glaubt, dass die Maschine aus ihm einen besseren Menschen gemacht und ihm bessere Perspektiven verschafft hat. Als Tribut an den Kanadier, hat er das Motorrad nie neu lackiert oder in irgend einer Form verändert. Er trifft Vorkehrungen, um sicher zu stellen, dass sie einmal an seine eigenen Kinder weitergegeben wird.

HARLEY-DAVIDSON
Bucanero
FUERTE

# ★ Carlos Alberto Ploché Torres ★

Carlos might own a piece of history with his 1953 Model K Harley, which is the predecessor of the 883 cc Sportster. Ploché rides his bike on weekends. His father purchased the bike from the only Harley dealership in Havana in 1961 and it has always been in the family.

Es posible que Carlos tenga un objeto histórico en sus manos con su Harley Modelo K del 1953. Esta moto es el antepasado de la Sportster de 883cc. Ploché monta su motocicleta durante los fines de semana. Su padre compró la moto de la única agencia de Harleys que había en La Habana en el 1961. La moto siempre ha estado en manos de su familia.

Carlos besitzt mit seinem 1953er Modell der K Harley zweifellos ein Museumsstück, es ist der Vorgänger der 883 cc Sportster. Ploché fährt sein Motorrad am Wochenende. Sein Vater hat die Maschine 1961 von dem einzigen Harley-Händler in Havana gekauft und es war immer im Besitz der Familie.

## ★José Ruiz Rodríguez★

He sold his first bike to someone who wanted to take his Harley and 13 others to Spain, but Eusebio Leal, the Historian of the City of Havana, stopped the transaction and insisted that they all belonged in a museum, which is where some of them ended up. So once in a while he shows his kids his bike in the museum. He later bought a 1947 Knucklehead, added a Harley sidecar frame and a Russian URAL sidecar chassis to it. His daughter Yoani enjoys riding with him.

Vendió su primera moto a un individuo que quería llevar esta y 13 mas a España, pero el Historiador de la Ciudad de La Habana, Eusebio Leal no lo dejó diciendo que estas motos deberían de estar en un museo, y ahí mismo llegaron. De vez en cuando, Joel lleva a sus hijos al museo para que vean la Harley de su papá. Luego se compró una Knucklehead del 1947, le puso un sidecar de otra Harley con una carrocería de una URAL Rusa. A su hija, Yoani le encanta montar la moto con su papá.

Er verkaufte sein erstes Motorrad an jemanden, der die Harley und dreizehn weitere nach Spanien bringen wollte. Aber Eusebio Leal, der Stadthistoriker von Havana, stoppte die Transaktion und bestand darauf, dass alle Maschinen in ein Museum gehörten, wo auch einige davon gelandet sind. So kann er seinen Kindern sein Motorrad ab und zu im Museum zeigen. Später kaufte er eine 1947er Knucklehead, an die er einen Harley-Beiwagenrahmen montierte und ein russisches URAL-Beiwagenchassis. Seiner Tochter Yoani macht es Spaß mit ihm zu fahren.

**"Los Harlistas son una fraternidad de amigos que les gusta estar juntos"**

*Ricardo Gil Carrasco*

"Harlistas are a brotherhood of friends who like to spend time together"

„Harlistas sind ein Bund von Freunden und sie finden es toll, gemeinsam etwas zu unternehmen"

★ Osvaldo Gonzales Camero ★

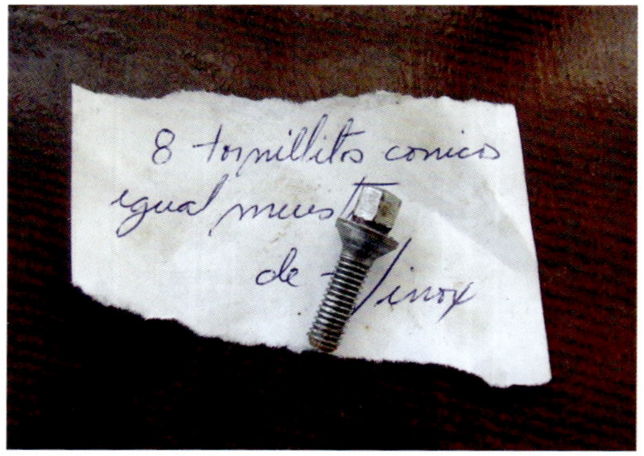


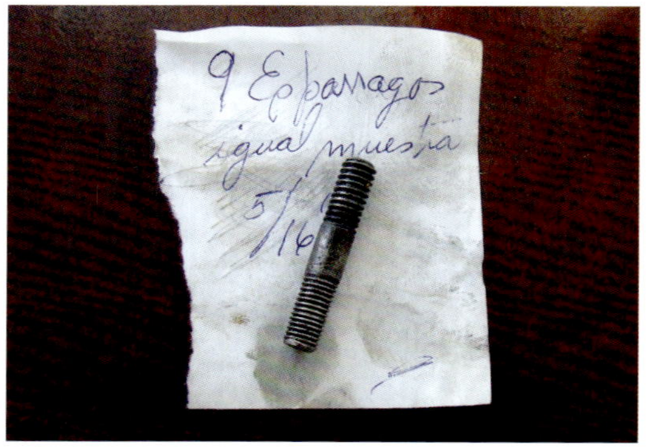


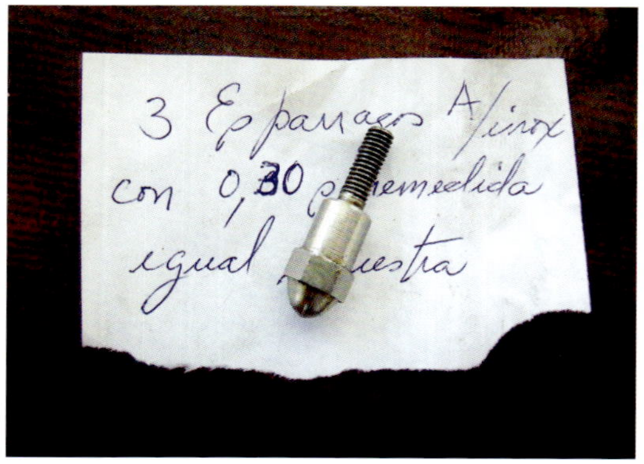

# ★Osvaldo Gonzales Camero★

His 1969 Knucklehead was brought into the country in pieces. He rode a 1948 Indian before, but was not convinced about the reliability of the bike, so he sold it. He thinks Harleys are the strongest, most classic bikes and his focus is to help restore and keep them running as long as possible. They are classic American icons for him.

Su Knucklehead del 1969 fué importada pieza por pieza. Antes montaba una Indian del 1948, pero no estaba seguro que la moto era de confianza, y la vendió. El piensa que las Harleys son las mas fuertes y las mas clásicas que hay y se enfoca en su restauración para que sigan corriendo a todo lo posible. Para el, las Harleys son íconos Americanos.

Seine 1969er Knucklehead wurde in Einzelteilen ins Land gebracht. Vorher fuhr er eine 1948er Indian, aber die Zuverlässigkeit dieses Motorrads überzeugte ihn nicht, darum verkaufte er es. In seinen Augen sind Harleys die stärksten, wahrhaft klassischen Motorräder und ihm geht es darum, bei ihrer Restaurierung mitzuhelfen und sie so lange wie möglich in Gang zu halten. Sie sind für ihn klassische amerikanische Kultobjekte.

# ★Adriana Domínguez León★

For a long time, Adriana was just a passenger on her husband's bike, but she didn't like that experience. So when her husband gave her a Harley for her birthday, she customized the bike with a more feminine paintjob, a nice shade of violet, the color of her birth month. As a female rider in Cuba, she gets many "thumbs up" wherever she goes and she likes the attention she attracts. It's very expensive to own and ride a bike in Cuba, where old Harleys in bad condition can still cost thousands of dollars. One has to consider the low average wage and the high price of gasoline .

Por muchos años Adriana era solo la pasajera en la moto de su esposo y eso no le gustaba. Así es que cuando el le regaló una Harley para su día de cumpleaños, ella la pintó de un color mas femenino, violeta, conmemorando el mes de su cumpleaños. A Adriana le ofrecen mucha admiración donde quiera que vaya, por ser una mujer que monta una Harley y a ella le gusta esta atención. Al mismo tiempo, montar una moto en Cuba es muy caro, ya que hasta una Harley antigua y en malas condiciones cuesta miles de dólares y hay que considerar el sueldo y el costo de la gasolina.

Lange Zeit saß Adriana immer nur auf dem Sozius der Maschine ihres Ehemannes, aber das gefiel ihr überhaupt nicht. Als ihr Mann ihr eine Harley zum Geburtstag schenkte, gab sie dem Motorrad einen etwas weiblicheren Anstrich in einem violetten Farbton, der Farbe ihres Geburtsmonats. Als Motorradfahrerin in Kuba bekommt sie, wo auch immer sie auftaucht, viele „Daumen hoch" zu sehen und die Aufmerksamkeit, die sie erregt, gefällt ihr. In Kuba, wo alte Harleys in schlechtem Zustand immer noch Tausende von Dollars kosten können, ist es sehr teuer, ein Motorrad zu unterhalten und zu fahren. Das niedrige Durchschnittseinkommen und der hohe Benzinpreis machen sich dabei bemerkbar.

VIVA
F

**"Mi esposo me retó a montar una Harley, y le dije que si, y el me regaló una para mi cumpleaños. ¡me encanta!"**

*Adriana Domínguez León*

"My husband dared me to ride a Harley, so I said yes, and he gave me one for my birthday! I just love it!"

„Mein Mann hat mich überredet, eine Harley zu fahren, ich sagte ja, und er schenkte mir eine zum Geburtstag! Ich liebe sie!"

# ★Alejandro Leyva★

Leyva is very passionate about his bike, a 1959 Panhead. He says his bike gave him one great reward in his life: enlightenment. He says the bike taught him to be who he is, an individual, an artist and a good father. He considers his bike a companion in his life. He hopes to pass it on to his six-year-old son, who already considers it "his" bike. Some day he would love to find a way to connect his art with the Harley. The Panhead is the guiding force in his life!

Leyva es muy apasionado con su moto, una Panhead del 1959. Dice que su moto le ha dado grandes recompensas en su vida: civilización y cultura. La moto le enseño quien el mismo es, un individuo, un artista y un padre bueno. Considera que su moto es su gran compañera de vida. Tiene la esperanza de pasarle la moto a su hijo de sies años que ya dice que es "su" moto. Alejandro dice que "Algún día quisiera involucrar mi expresión artistica con la Harley". La Panhead es una fuerza que guía su vida.

Leyva ist ganz verrückt mit seinem Motorrad, einer Panhead von 1959. Er sagt, seine Maschine habe ihm die große Belohnung seines Lebens gebracht: Erleuchtung. Die Maschine habe ihn gelehrt, wer er ist, ein Individuum, ein Künstler und ein guter Vater. Er betrachtet seine Maschine als Lebenskameraden. Er hofft, sie an seinen sechsjährigen Sohn, der sie schon als „sein" Motorrad betrachtet, weitergeben zu können. Er wünscht sich, dass er eines Tages einen Weg findet, wie er seine Kunst mit der Harley verbinden kann. Die Panhead ist in seinem Leben die lenkende Kraft!

HRU
267

## ★ Carlos Márquez Amoedo ★

He purchased his bike in pieces and put it together in less than two years. In the process, he got to know other Harlistas who became his good friends. He now rides a 1950 Panhead, which he upgraded with a rear suspension for a better ride on Cuba's bumpy roads. He realized a suspension is helpful when you transport all kinds of different things, including your wife.

Compró su moto en piezas y tuvo que asamblearla en menos de dos años. Durante este proceso conoció a otros Harlistas quienes hoy son sus grandes amigos. Presentamente su moto es una Panhead del 1950, cuya moto recibió un nuevo sistema de muelles para poder viajar comodamente en los caminos y carreteras de Cuba. Se dió cuenta que los nuevos muelles son necesarios para transportar cualquier modo de cosa - incluyendo su propia esposa.

Er erwarb sein Motorrad in Form von Einzelteilen und baute es in weniger als zwei Jahren zusammen. In dieser Zeit lernte er andere Harlistas kennen, die gute Freunde wurden. Heute fährt er eine 1950er Panhead, bei der er die Hinterradfederung erneuerte, um die Fahreigenschaften auf den holprigen kubanischen Straßen zu verbessern. Er weiß, was eine gute Federung wert ist, wenn man alles mögliche, einschließlich der eigenen Ehefrau transportiert.

"Ser un Harlista en Cuba es más que sólo tener una motocicleta, es un modo de vida"

*Jorge Luis Fleites Devora*

"Being a Harlista in Cuba is more than just having a motorcycle, it is a way of life"

„Als Harlista in Kuba hast du nicht einfach ein Motorrad, das ist zugleich ein Lebensstil"

HARLEY
PARKING
ONLY
ALL OTHERS
WILL BE
CRUSHED
1169

# ★ Omar Fernández López ★

His first Harley was a Frankenstein bike, he found it in 1986 in central Cuba. The papers said it was a Harley, but many parts where not original Harley parts. The gas tank and tires where from Russian motorcycles, the frame had been changed, and the front fork was homemade. His current 1955 Harley is an ongoing project that he's restoring piece by piece. He loves to do this because, "It's part of my my life: you take care of them and they'll take care of you."

»

Su primera Harley era una moto Frankenstein. La encontró en la zona central de Cuba. Los papeles indicaban que era una Harley, pero muchas de las piezas no eran originales de Harley. El tanque de gasolina y las gomas eran de motos Rusas; el cuadro no era original y el tenedor delantero era algo hecho en casa. Luego consiguió una Harley del 1955 que ahora es un proyecto largo, ya que la esta restaurando pieza por pieza – algo que a Omar le encarta, porqué como dice el: "Es parte de mi vida, tu la cuidas y ella te cuidará"

Seine erste Harley war ein Motorrad à la Frankenstein. Er entdeckte sie 1986 in Zentralkuba. Den Papieren zufolge war es eine Harley, aber viele Teile waren keine originalen Harley-Teile. Der Benzintank und die Reifen stammten von russischen Motorrädern, der Rahmen war verändert worden und die vordere Gabel war selbstgemacht. Seine gegenwärtige Harley von 1955 ist noch in Arbeit, er restauriert sie Stück für Stück. Er liebt diese Tätigkeit. „Das gehört zu meinem Leben: Du kümmerst dich um sie, und sie kümmern sich um dich."

★

**"En un tiempo, la gente se reía de nosotros por montar Harleys, ¡pero ya no!"**

*Julio Antonio Palmero Pedrianes*

★

"There was a time when people made fun of us riding a Harley, but not anymore!"

„Früher haben sich die Leute über uns lustig gemacht, wenn wir Harley gefahren sind, aber das ist vorbei!"

# ★ Gerardo López Galano ★

Gerardo Jr. and his dad love to race the bike whenever they can, which often results in accidents. He has had his fair share of them over the years – more than thirty. When people ask him: How fast does a Harley go? For him that means: "Let me show you." His father bought the 1950 Panhead for about 1,000 pesos in the 1980s, when nobody wanted them, and never regretted the purchase of this bike or the other five Harleys he's had over the years.

A Gerardo y a su papá les encanta participar en carreras con la moto, y lo hacen en cualquier momento que se les presente. Esto, hay veces, resulta en accidentes. Ya ha tenido mas que su porción, con mas de 30 choques. La gente le pregunta, ¿hasta que velocidad llega una Harley? Para el eso quiere decir: "déjame enseñarte". Su papá compró esta Harley Panhead del 1950 por 1000 pesos en los 80, cuando nadie las quería. Nunca se arrepintió de haber comprado esta moto o ninguna de las otro cinco Harleys que ha tenido a través de los años.

Gerardo Jr. und sein Papa fahren mit Vorliebe und wann immer möglich wie die Rennfahrer, was häufig zu Unfällen führt. Davon hat er im Lauf der Zeit eine ganze Menge gebaut, mehr als dreißig. Wenn er gefragt wird: „Wie schnell fährt eine Harley?“, dann heißt das für ihn: „Das kann ich dir zeigen.“ Sein Vater kaufte die 1950er Panhead in den 1980er Jahren, als sich niemand dafür interessierte, für etwa 1.000 Pesos, und er hat den Kauf dieser Maschine nie bereut, ebenso wenig wie den der weiteren fünf Harleys, die er im Verlauf der Jahre besessen hat.

## ★ Redelio Hernández Noa ★

Trading up was Redelio's way of getting his Harley. He started with a bicycle, traded it for a small Russian motorcycle, then a German NSU, then a BSA, a Triumph, a 1941 Indian and about ten years ago his 1942 Harley. He started by stripping off the green paint of the military model XA-750. When he is not working on his bike, he builds custom bikes for other people. His inspiration comes from biker shows on TV.

Redelio consiguió su moto pasando por una serie de intercambios de motos. Empezó con una bicicleta que cambió contra una pequeña moto Rusa; luego una NSU Alemana, una BSA, una Triumph, una Indian del 1941, y hace unos diez años su Harley del 1942. Ya empezó a quitarle la antigua pintura verde de esta XA-750 Modelo Militar. Cuando no está trabajando con su moto, construye motos a la orden para sus clientes. Dice que su inspiración le llega de los programas sobre motocicletas en la televisión.

Redelios Weg zu seiner Harley lief über einen Tauschhandel nach oben. Er begann mit einem Fahrrad, dafür handelte er ein kleines russisches Motorrad ein, dann eine deutsche NSU, darauf eine BSA, eine Triumph, eine 1941er Indian und schließlich, vor etwa zehn Jahren, seine Harley von 1942. Er begann die grüne Lackierung des Militärmodells XA-750 zu entfernen. Wenn er nicht an seinem Motorrad arbeitet, baut er speziell gefertigte Motorräder für andere Leute. Inspiration holt er sich von Motorrad-Shows im Fernsehen.

MOTOR
HARLEY-DAVIDSON
CYCLES
PIRELLI

★

**"Basicamente aprendimos muchas cosas técnicas, solo haciéndolo"**

*Sergio Morales Esquivel*

★

"We basically learned a lot about technical things just by doing it"

„Im Grunde haben wir in technischen Fragen viel gelernt, indem wir es einfach gemacht haben"

Eliecer

# ★ José Eliezer García Dorado ★

His 1954 Harley service trike served José well over the years. It's the only trike in Havana and it allows him to transport almost everything one can imagine, from beds and construction materials to washing machines. Of course, he also uses it to transport people. His moving service is legendary with other Harlistas. His most unusual cargo consisted of human bones which he had to deliver to a religious ceremony.

Su triciclo del 1954 ha sido una gran ayuda para José por muchos años. Es el único triciclo Harley en La Habana y con este transporta todo lo que uno se puede imaginar, desde camas a materiales de construcción y hasta lavadoras. Claro que también usa su Harley para transporte humano y su servicio de mudanzas ya es legendario en La Habana. Una de sus insólitas tareas fue transportar un grupo de huesos humanos a un rito religioso.

Sein Harley-Lastendreirad von 1954 leistet José seit Jahren gute Dienste. Es ist das einzige Dreirad in Havana und er kann damit fast alles Erdenkliche transportieren, von Betten über Baumaterial bis zu Waschmaschinen. Natürlich benutzt er es auch für den Personentransport. Sein Transportdienst ist unter anderen Harlistas legendär. Seine ungewöhnlichste Fracht bestand aus menschlichen Knochen, die er für eine religiöse Zeremonie liefern musste.

# ★Armando Castro★

His nickname "Cake Box" started when he repaired a friend's leaking engine with the cardboard cover of a cake box at a birthday party. It didn't last long because the hot engine burned it up after a while, but the nickname he got from that repair stuck with him. He has owned and repaired many Harleys over the years, but a heart attack and an accidental encounter with a pothole changed his mind, so he traded his Knucklehead for a car. He now repairs cars and raises pigs for a living.

Su apodo "Cake Box" se lo pusieron cuando arregló el goteo de aceite del motor de una moto de su amigo con la caja de un pastel (un quei). El arreglo no duró mucho ya que el calor del motor quemó el cartón. Pero el apodo si se le pegó. El ha tenido y ha restaurado muchas Harleys durante muchos años pero un accidente que tuvo cuando su moto entró en un bache, y luego un infarto le hicieron cambiar de Knucklehead a un carro. Ahora repara automóviles y cria cerdos para ganarse la vida.

Seinen Spitznamen „Cake Box" verdiente er sich während einer Geburtstagsparty, als er bei dem Motorrad eines Freundes den undichten Motor mit dem Kartondeckel einer Keksschachtel reparierte. Das hielt nicht lange, weil in der Hitze des Motors daraus bald Asche wurde, aber der Spitzname, den ihm die Reparatur eintrug, blieb ihm erhalten. Über die Jahre besaß und reparierte er viele Harleys aber nachdem er durch ein Schlagloch einen schlimmen Unfall und außerdem einen Herzinfarkt erlitt wurde er abtrünnig und tauschte seine Knucklehead gegen ein Auto ein. Jetzt repariert er Autos und züchtet Schweine, um seinen Lebensunterhalt zu verdienen.

## ★Julio César Pérez Pérez★

Julio never got far in life because he often had too much alcohol and not enough cash. After he stopped drinking a decade ago, he got focused on getting his first Harley. Buying a used one can be very difficult in Cuba. Adding to that is the cost, which can be upwards of five years of wages for the average Cuban. He heard about a used bike for sale on the eastern part of the island, but when he finally got there he was too late: it had been sold to someone else. He later found his 1959 Panhead in Santa Clara, and with the help of relatives from the US he was able to buy it and slowly fix it up. He says that everything turned around for him after the purchase. His family and his friends respect him now, and he respects them as well.

La historia de Julio relataba que a el le gustaba mucho beber y esto, en conjunto con su falta de dinero no le ayudaba en nada. Pero hace unos diez años, Julio dejó de tomar y se comprometió a conseguir su primera Harley. Le dijeron que había una en la zona oriental de la isla, pero cuando llegó allá, ya se la habían vendido a otro. Luego localizó una Panhead del 1959 en Santa Clara, y con la ayuda de sus parientes en los EUA la compró, y poco a poco la pudo componer. El dice que todo cambió en su vida a partir de la compra de su Harley. Ahora su familia y sus amigos lo respetan mucho y el los respeta a ellos.

Früher hatte Julio immer zu viel Alkohol intus und zu wenig Geld in der Tasche, darum kam er im Leben nicht sehr weit. Doch als er vor zehn Jahren aufhörte zu trinken, setzte er alles daran, seine erste Harley zu bekommen. Eine Gebrauchte aufzutreiben kann in Kuba sehr teuer sein. Dazu kommen weitere Kosten, die fünf durchschnittliche Jahreslöhne eines normalen Kubaners übersteigen können. Er erfuhr von einer gebrauchten Maschine, die im Osten der Insel zum Verkauf stand, aber als er schließlich dort ankam, war er zu spät dran. Sie war schon an jemand anderen verkauft worden.

Später fand er seine 1959er Panhead aus Santa Clara, und mit der Unterstützung von Verwandten in den USA konnte er sie kaufen und nach und nach instand setzen. Er sagt, dass sich für ihn nach dem Kauf alles verändert hat: Seine Familie und Freunde respektieren ihn nun und er respektiert sie ebenfalls.

# ★Antonio Miniet Hernández★

Antonio Miniet, former P.O.P. (police motorcycle officer) and member of their acrobatic team from 1959-1965, with a photo album in his home. Antonio was a founder of the police acrobatic team, and rode his bike with as many as 17 team members clinging on.

Antonio Miniet (Tony), anteriormente P.O.P. oficial de la policia montada miembro del equipo acrobático del 1959 al 1965, con su álbum fotográfico en su casa. Antonio fue uno de los fundadores del equipo acrobático policiaco. Montó su motocicleta con 17 miembros del equipo colgados a la moto.

Antonio Miniet war früher ein P.O.P. Polizeioffizier im Motorradgeschwader und von 1959 bis 1965 dort Mitglied der Kunstfahrermannschaft. Er hat zuhause ein Fotoalbum, mit dem er das beweisen kann. Antonio gehörte zu den Gründern der Kunstfahrermannschaft der Polizei. Er konnte seine Maschine steuern, während sage und schreibe siebzehn Mannschaftsmitglieder sich darauf platzierten.

# ★ POP – Patrulla Orden Publica ★

His most sensational stunt was riding a top an ordinary ladder at a speed of up to 30 m.p.h. The team was ordered disbanded when Tony crashed as he lifted his hand to salute Comandante Fidel Castro during a parade. He was riding solo on a foot clutch Panhead while standing five rungs up on an attached stepladder.

El Pelotón completo, en plena actuación.

EMOCION Y DESTREZA

# EL PELOTON ACROBATICO DEL POP

El Pelotón Acrobático, en plena formación.

…vier Rodriguez
Mariano Ferré

EN mas de una ocasión, el pueblo cubano ha tenido oportunidad de admirar el espectáculo formidable que constituye la actuación del Pelotón Acrobático de las Patrullas de Orden Público. Con destreza sin igual y con indudable valentía, los hombres del POP han hecho derroche de valor y alta técnica en la ejecución de bellos y arriesgados números.

"La Escalera", uno de los números más arriesgados.

…pertenecer al Pelotón son las de observancia estricta de la disciplina, la atención al equipo y al vestuario, el entusiasmo y la dedicación a ese trabajo, la corrección en el trato al público y, por supuesto, su calidad como ciclista. En este último aspecto, el propio pelotón decide si el aspirante puede ser considerado como buen ciclista.

Varios de los ciclistas conversan con el sargento Alfonso Presno, jefe de la sección de motos y del Pelotón, así como con Alfredo Serrano, responsable de divulgación y locutor oficial del mismo.

Esta pirámide, formada por cuarenta hombres sobre cinco motocicletas, es también un número sumamente interesante.

El reportero tiene oportunidad de conversar con el sargento Alfonso Presno, jefe de la Sección de Motos del POP y además, jefe del Pelotón, asistiendo posteriormente a uno de los entrenamientos del personal. Nos acompaña otro de los animadores del Pelotón, Alfredo Serrano, quien es el locutor y responsable de Divulgación del mismo,

Su manioora mas sensacional fué cuando montó su moto sobre una escalera a 48 kph. El equipo se desbandó después de que Tony estrelló su moto cuando levantó su mano para saludar al Comandante Fidel Castro durante un desfile. Tony estaba montando solo en una moto con cloche de pedal encima del quinto escalón de la escalera.

In seiner tollsten Nummer raste er mit einer Geschwindigkeit von 50 km/h an die Spitze einer ganz normalen Leiter. Die Mannschaft erhielt den Befehl zur Auflösung weil Tony stürzte, als er bei einer Parade mit erhobener Hand Comandante Fidel Castro grüßte, während er auf der fünften Sprosse einer anmontierten Stufenleiter stehend solo eine Panhead mit Fußkupplung fuhr.

## ★Günther Maier★

Some people use their eyes to see. Photographer, filmmaker, champion of characters and Harlistas (not necessarily in that order), Günther started taking pictures in Germany with nothing more than a Kodak Instamatic camera and curiosity. He completed a three-year photography apprenticeship and later earned a bachelor's degree in marketing communication and design in Germany.

He then headed to the states to join an elusive club of mad men. Working as an art director in large and small boutiques and agencies in New York City served him well and gave him the mojo he needed to eventually co-found his own advertising agency in Philadelphia's hippest up-and-coming arts scene. His work for clients introduced him to photographers such as Jeff Zwart, John Paul Endress, Clint Clemens, Tony Gaye and Dietmar Hennka. He worked with them to bring his creative vision to life, building numerous brands over the course of his agency career, and winning his fair share of awards before finally having his fill, packing his bags, and heading west to Santa Fe. It's here where the dots of Günther's life started connecting at the speed of light. That's what happens when you stop running the race and, instead, start racing with passion. With nothing but the open road before him, he started Ride the Dream, a Harley-Davidson tour company, rediscovered his love of photography and entered the world of filmmaking.

But nothing ever happens without the loving support of his wife and muse Dorothee.

*www.roadhousepictures.net*

photo by Thomas McConville

## ★Stuart A. Ashman★

Stuart lived in Cuba from infancy to age 12, when his family migrated to New York, where he completed high school in Brooklyn and received his bachelor's degree in photography and fine arts from the City University of New York. He continued his studies in the Graduate MFA program at Rochester Institute of Technology, where he developed a friendship with Tony Gaye.

His career spans over thirty years of working in the arts and includes, cultural exchanges with Cuba, tenures as director of the New Mexico Museum of Art in Santa Fe, founding director of the Museum of Spanish Colonial Art and as Cabinet Secretary of the New Mexico Department of Cultural Affairs under Governor Bill Richardson. His most recent activities include a stint as expert advisor to the director of the United States Peace Corps; and his current post as President and CEO of the Museum of Latin American Art (MOLAA) in Long Beach, California. He has received numerous awards, including the Mayor's Award for Excellence in the Arts in Santa Fe and is the co-author of " Abstract Art" and "Photography New Mexico", both published by Fresco Fine Arts Books. Stuart's parents migrated to Cuba as teenagers from Eastern Europe in 1927. His father, Victor Ashman Larriga, managed a rubber factory in Matanzas and owned a 1939 Harley Knucklehead. In 1957, the family moved to Havana where his father worked for "Casa Morris", the Kodak distributor. His work with cameras and film sparked Stuart's early interest in Photography.

He lives in San Pedro, California with his wife Peggy, a ceramic artist, and is visited often by his daughter Liliana, who is an actor in Dublin, and his son Samuel, an artist and philosopher based globally.

## ★ Tony Gaye ★

Born in Oklahoma to the daughter of an immigrant coal miner and the son of an oilfield worker, Tony had lived on five continents, sailed the Atlantic, and survived a year of combat in Vietnam by the time he had turned 20. In 1973 he received a Bachelors of Arts Degree in Fine Art from Vanderbilt University. In 1976 he earned a Masters of Fine Arts Degree from Rochester Institute of Technology, after spending five months in a remote Mayan village of the Yucatan creating his MFA thesis.

Tony's father, a petroleum engineer, moved the family to a new country each year. In 1959, the year Fidel Castro seized control of Cuba, a pre-teen Tony was living in Costa Rica. Many Cuban refugees became part of the expatriate community there, igniting Tony's curiosity in Cuban culture. His interest in motorcycles is rooted in his lifelong fascination with all things mechanical. Over the last twenty-five years Tony has been a member of the Fine Art Photo faculty of the University of Delaware, on the faculty of the Art Institute of Philadelphia, and a working Studio-still-life and food photographer in Philadelphia. American Airlines, Miller Brewing, and Coca Cola are among the clients he shoots for. His work is held in public and private collections including the "International Museum of Photography" at the George Eastman House and Graphis Annuals.

He would like to thank his 97 year old mother, Lou, his dad, Fred, and his sister Fredda for their life-long and unconditional love and support. A grateful father of three extraordinary kids, Chelsea, Matthew, and Zoë, with Lola, a cat. They are all together often.

## ★ Kurt Zubler ★

Kurt's business card is amazing:

Wars Fought

Governments Run

Bridges Destroyed

Uprisings Quelled

Revolutions Started

Tigers Tamed

Saloons Emptied

Orgies Organized

Virgins Converted

Computers Verified

Todays world of somber routines and lowered expectations are not the standard for Kurt in his life and with his photography. His images speak volumes and are stored in his climate controlled basement next to his vintage cameras and his price-less wine collection. When he is not traveling around the globe he supports his wife rescuing stray dogs from Greece and provides them with a decent home.

L.A.M.A.

# ★ Acknowledgement ★

In the time that I have come to know and love Cuba and its wonderful people, I have made countless friends whom I wish to thank for helping me to make this book.

Without Adolfo Prieto's help introducing us to all the Harlistas in and around Havana, we would never have had a chance to meet them all.

Robin and Osmani's driving skills in their old Ladas made it a true adventure. I thank Anita, who spent many hours and days finding people, and her husband Alberto, who introduced me to the best cigars and aged rum in Havana.

I also thank Guanche, who opened his house and shared truly amazing Cuban food and friendship, as well as Raúl, who invited me to the most interesting Harlista wedding and to his home in Cojímar.

I'm grateful to Mark, who introduced me to his Cuban brothers on my first trip to Havana, and to Stuart, who shared his parents' heritage with me.

Tony and Kurt, old friends from way back, didn't hesitate to come along when I asked them to shoot in the height of the hot and humid Cuban summer: thank you for all the great shots! And Florian, who liked the idea about the book and said, "Let's do it!"

Most of all I want to thank my wife Dorothee, who never says no to any of my crazy ideas and actually encourages me to follow my heart.
Thank you, I love you!

*Let's ride!*

Sadly, my good friend Tony passed away very unexpectedly in December 2012. Ride on brother… we miss you!

We recognize that some words, model names and designations mentioned in this book are the property of the trademark holder and we use them for identification purposes only. This is not an official publication.

Harley-Davidson is a registered trademark.

The information in this book is true to the best of my knowledge and notes.

# ★Impressum★


| | |
|---|---|
| Editor & Publisher | Ebner Verlag GmbH & Co KG<br>Karlstr. 41, 89073 Ulm / Germany |
| Booktitle | Harlistas Cubanos |
| Concept, Editing, Layout and Design | Günther Maier |
| Text | Stuart A. Ashman |
| Photos | Tony Gaye, Kurt Zubler, Günther Maier<br>additional photos by<br>Adolfo Reinaldo Prieto Rosell<br>Jorge Luis Gonzales Garciandia<br>havanatrends |
| Project Management | Tina Kühner |
| Printing | Dr. Cantz´sche Druckerei, Ostfildern Kemnat / Germany |
| ISBN | 978-3-87188-242-5 |
| Website | www.harlistascubanosbook.com |





First Edition 2013





Printed in Germany